随着生活水平的日益提高，人们在日常生活中对科技知识的渴求愈来愈显得迫切。因此，大力宣传和普及日常生活中的科学文化知识，帮助人们树立科学的思想观念，认识、掌握科学的方法，实现生活的科学化、合理化，从而提高生活质量，这不仅是科技工作者的使命，也是文化工作者的一项任务。而创作科普作品，就是完成这项光荣任务的重要工作之一。

JIDI BIGENG

瘠地笔耕

刘荣旗 ▣ 著
惠安县科学技术协会

U0287061

中国林业出版社

图书在版编目（CIP）数据

瘠地笔耕 / 刘荣旗著. -- 北京 ： 中国林业出
版社，2012.6
ISBN 978-7-5038-6641-8

Ⅰ. ①瘠… Ⅱ. ①刘… Ⅲ. ①科学知识－普及
读物 Ⅳ. ①N49

中国版本图书馆CIP数据核字(2012)第127183号

中国林业出版社·自然保护图书出版中心
策划编辑：刘家玲
责任编辑：张　锴

出　版：中国林业出版社（100009　北京西城区刘海胡同7号）
　　　　网　址：lycb.forestry.gov.cn
　　　　E-mail：wildlife_cfph@163.com　电话：83225836
发　行：新华书店北京发行所
印　刷：北京中科印刷有限公司
版　次：2012年6月第一版
印　次：2012年6月第一次
开　本：889mm×1194mm　1/32
印　张：6
印　数：1～3500
字　数：150千字
定　价：18.00元

序
PREFACE

　　随着生活水平的日益提高，人们在日常生活中对科技知识的渴求愈来愈显得迫切。因此，大力宣传和普及日常生活中的科学文化知识，帮助人们树立科学的思想观念，认识、掌握科学的方法，实现生活的科学化、合理化，从而提高生活质量，不仅是科技工作者的使命，也是文化工作者的一项任务。而创作科普作品，就是完成这项光荣任务的重要手段之一。

　　然而无论是搞科技的，还是搞文化的，大多不爱写科普类的作品，原因大概有两个：

　　一是难度大。科技知识很复杂，要把生活中的一件小事讲明白，往往要涉及好多个学科的知识，啰唆半天，人家还不一定听得懂。再者，科学术语都有特定的含义，要转换成老百姓容易听懂的语言，又不丧失应有的精确性，是很不容易的事情。此外，科学上的很多问题都处在不断研究、不断发展的过程中，没有定论的东西远远多于确定无疑的东西，要"写到老"，就必须"学到老"。所以，科普文学有三难：准确难、通俗难、专业难，三者兼顾则难上加难。有的专家著作等身，可是要让他写科普作品，反而敬谢不敏。

　　二是回报低。不管是学校的老师，还是事业单位的技术人员，晋升职称的时候，拿科普作品去参评，评委们基本上是不承认的。人家要看你的学术论文、学术专著，科普的基本上不算数。撇开这个不说，在这个信息化、多元化的时代，人们了解知识的渠道较多，传统媒介的科普作品读者少，可发表的刊物也少，稿费又低。

　　尽管科普文学创作难度大、回报少，但刘荣旗老先生坚持下来，笔耕不辍写了半个世纪。他毕生从事科普和档案工作，两项工作巧妙结合，加上扎实的文字功底、巧妙的艺术灵感、不懈的耕耘创作，成就了一名优秀的乡土科普作家。

　　刘荣旗老先生出生于圭峰半岛，工作于东山海岛、漳州内山、山腰盐场，"山"与"海"赋予他文学的灵性和科普的激情，使一个半岛渔村走出来的穷孩子，成为一名工程师，荣获福建省"繁荣科普创作"先进个人奖、"气象科普工作"积极分子和"气象科普"先进个人等荣誉，其科普创作成果载入《泉州市科学技术志》、《惠安县志》等文献，个人传略载入《中国科普作家传略》等辞书。

　　这部《瘠地笔耕》，汇集了洋洋洒洒近十万字的作品，是刘荣旗老先生在报刊发表或电台播报过的众多科普文章中遴选出来的，不乏佳作精品，比如"话说露珠"荣获福建省优秀科普作品创作三等奖，"试论公民科学素质与科学发展"荣获福建省优秀科普创作论文三等奖，"话说露珠"、"漫话盐"入编福建科学技术出版社《山青花红凭探索》第一、二集，还有作品荣获泉州市繁荣科普创作优秀奖、泉州市环保征文佳作奖、泉州市开发儿童少年智力征文优秀奖等等。全书以普及生活科学知识和乡土民俗知识为主线，具有鲜明的乡土特色、生动的艺术手法和宝贵的科学价值。

　　高士其说："我经常在思想，什么叫科学普及？啊！用生命的火焰去点燃人们思想的灯，共同照耀人类探索自然、改造自然的伟大途径。"说得多么好，多么准确，科普就是这样一种崇高的事业！刘荣旗老先生用行动和心血实践这项事业，《瘠地笔耕》一书，体现了其作为一名科技工作者和文化工作者的敬业精神和专业水准，她的出版，是惠安县文化科技工作中一件值得重视的工作。

　　今天，"文化强国"的时代号角吹彻大江南北，文化大发展大繁荣需要更多优秀的科普作家，希望有更多的文化科技工作者投入到科普创作中，为构建和谐社会，提高社会主义新农村的科学文化水平做出更大的贡献。

　　是为序。

福建省科学技术协会党组书记

2012 年 4 月

前 言
FOREWORD

《瘠地笔耕》一书，是福建省科普作家协会优秀会员刘荣旗过去曾经发表在报刊杂志上有关科普作品、知识小品等的遴选文集，其作品的选材有独具匠心之处，文笔也有一定的造诣，值得一读。

《瘠地笔耕》全书分有11个篇目，大小文章计110篇。作者从所从事的业务工作入手，融入人民群众实践经验、总结等，加以文学润色；文章浅显，有趣且不枯燥，体现"三性"特点，即科学性强、趣味性浓、文学性美。如"气象知识"、"农业气象与节气"篇中，既介绍气象知识，又诠释自然现象发生的科学道理，让人们更好地掌握天气变化，服务"三农"。防患未然，减少自然灾害所造成的损失，其中"从五个太阳说起"、"星光闪闪"等，又把你带上天空，探索奥秘；"气象与健康"、"饮食与健康"篇中，不仅宣传气象、饮食与健康的密切关系，同时还教你根据气候变化规律，做好防治疾病，保护身体健康；"环境与保护"篇，审视茫茫宇宙、沧海桑田，从"臭氧层空洞的扩大"到"暖房效应"的结果，告诫人们保护地球，构造和谐科学发展之神圣责任，换言之，地球平安大家共享；"文苑浪花"更是散发出清新的文学味。

刘荣旗是基层的一位小职员，非科班出身，就搞文字而言，主、客观条件都很差。一家六口人，挤在一间10平方米的屋子里（经审批全家户口"农转非"），哪有"立写之地"。通常花了几天的时间，一点、一撇、一捺地"爬格子"，得到三元钱的稿费，扣除笔和纸的费用，只剩"蝇头"利益，他说自己都感到很"笑礼"（惭愧）；如不得见报，结果"全亏"。由于信息闭塞，资料匮乏，根本没辙，全靠自己一点一滴地积累，但刘荣旗先生坚持苦中作乐，并且不辞艰辛地在这个科普"小儿科"园中耕耘，这又是为什么呢？

按他的话说：当不了大夫，就要好好地把"打针"练好，自己尽了力，也就心安理得。这种精神值得学习。特别难能可贵的是，现今已是 75 岁高龄的他，仍然不息笔耕，还于 2008、2010 和 2011 年在福建省科协学术年会科普学术分会上连续发表文章，并获得"福建省首届优秀科普创作论文三等奖"，同时授予他 2005 ～ 2010 年度福建省科普作家协会优秀会员。

编辑《瘠地笔耕》的目的，一是在于"温故知新"，让读者重温有关知识及其价值，从中获得一些裨益。二是在"文化强国"的时代里，能有更多的优秀科普作家和作品问世，有更多的文化人投入到科普创作的行列，为繁荣科普事业做出贡献。

当今时代，是科学发展和文化繁荣的时代。科学的发展，文化的繁荣，包括科普创作的繁荣，是一个民族文明进步的表现。中华民族的文明进步，人人有责，让我们都来为我们伟大的文明进步，做出自己应有的贡献吧！

惠安县科学技术协会
2012 年 4 月

目 录
CONTENTS

气象知识

Qixiang zhishi

浅谈台风

台风（颱风），是在热带海洋上形成的一种气势猛烈、范围巨大的水涡状旋风，在气象学上叫做热带气旋。它是由于洋面上局部聚积的湿热空气大规模上升，周围低层空气向中心流动，在"科里奥利力"（转动惯性力）的作用下，形成的空气大漩涡。在闽、浙、粤及台湾省，人们普遍称为"风台"。

台风直径一般约 200 ～ 1000 千米，初生成时直径约 50 ～ 80 千米，小型台风有几百千米，巨大的台风可达 2000 千米。台风的移动速度极无规律，一般初始较缓慢，同人步行时的速度差不多，后渐增快犹如踏自行车的速度，尔后迅猛增快，可相等或超过汽车的行速，就平均而言，每小时 20 ～ 30 千米，从菲律宾附近，大约 5 ～ 6 天就能移动到我国福建沿海。台风的路径极不规则，就我国而言，伊始常向西偏北移动，后来变化无常，一般是自东向西、由南向北呈抛物线或直线移动，逐渐向大陆海岸靠近。

夏秋季节是台风盛行期，登陆福建的台风每年平均 2 个，最多 5 个；产生影响的台风每年平均 2.5 个，最多有 8 个；最早影响福建的台风出现在 5 月中旬，最迟在 11 月下旬。台风登陆时，常出现狂风暴雨还常伴有海啸，会造成破坏力很大的灾害性天气，务必提高警惕，采取各项有效措施，做到"以防为主、防抗结合"，以减轻台风灾害所造成的损失。

《兴化报》
1985.8.7

台风名称小议

"台风"一词的由来，相传是因为登陆（或影响）我国大陆的台风，多数是由台湾省附近移来的，故叫它做"台风"，即"台湾来的风"；另一种说法，"台风"原是由粤语"大风"（粤语"大"音"台"）演化而来，同时又与我国南方话基本谐音，沿袭而得名。从史书上看，早在一千多年前，晋朝沈怀远撰写的《南越志》一书中就已有"飓风者，具四方之风也，一日惧风，言恐惧也。"这是我国历史上首次对台风相关词的记载。唐朝时还没有台风这个词，到了清初才把"台风"（台湾来的风）两个字拼成"颱"字，"颱风"一词普遍应用，如清朝康熙二十四年(1685年)，季麒光著有《风颱说》一书，书中详细描述："夏至后必有北风，必有颱信，风起而雨随之，越三、四日颱即候来。"有趣的是，汉字简化，又把"颱"字简化为"台"字，"颱风"词语又复称台风，真是无巧不成书也！

我国为了跟踪台风的动向，做好预报、警报工作，对台风进行了编号和命名。每年从台风生成开始编号，按照台风生成的先后，从第一号依次编发。

2004年起，台风的命名按台风委员会关于西北太平洋和南海的热带气旋的命名方案施行。台风委员会命名表列有140个名字，分别由亚太地区的柬埔寨、中国（包括香港和澳门）、朝鲜、日本、老挝、马来西亚、密克罗尼西亚联邦、菲律宾、韩国、泰国、美国和越南14个国家和地区提供，每一成员提出10个台风名字，以台风出现的先后顺序循环使用。我国给出的名字是：龙王、悟空、玉兔、海燕、风神、海神、杜鹃、电母、海马、海棠。

对造成严重灾害的台风的名字，可以申请撤除更名。如我国的"龙王"台风，重新命名为"海葵"。（按：台风命名为编著时增补）。

《泉州晚报》
1988.8.3

"三象"信息识台风

台风是一种破坏力很强的灾害性天气，危及人民生命、财产的安全，因此，时值台风季节盛期，务必提高警惕，及时注意收听气象台（站）的台风预报广播。此外，台风到来之前，天象、海象、物象等现象会给人们发出某些"信息"，只要我们多加留心观察，也能识别、判断台风的动态。

乱丝辐辏的卷状云。当距离台风中心 500～600 千米时，也就是台风来侵的前两天左右，天空往往散布着一种乱丝一样的带有光泽的云彩，呈羽毛状或马尾状，它以扇子的形状，从地平线下向天空散射开，这种云气象学上称为辐辏状卷云。一般说"扇把顶端"就是台风的中心，卷云的发展方向就是台风移行的方向。此外，台风来到前也往往出现闷热少云、能见度很好的反常天气。

五颜六色的曙暮光。日出前，日落后，天空出现从日点处，以辐辏状向上空放射出蓝、红、黄、紫、白等色光，就是所谓的"吐龙须"或"龙根"，也有的叫做"青龙卷"和"旱葱"的现象，说明外海有台风。如果是蓝光横贯长空，台风将会袭击本地区；一般台风到来的前一天，日出、日落时天空常为鲜明的橘红色，后转变为古铜色，地平线处呈现深灰色带。

圆浑宽大的特异浪。平常的普通海浪，浪顶较尖，前后两浪间距较短，浪头高低不一，浪涛声音的节拍急促。而在距离台风中心1000千米左右的海面上，可以看到由台风中心传播出来的"长浪"（也叫"涌浪"），浪顶是圆滑的，浪头不很高（2米左右），相邻两浪间距较普通波浪长，声音节拍沉重缓慢，谧静时可听到从远处传来低沉的长鸣声。在"长浪"与普通浪交接处的水色、波浪截然不同，渔民谓之"海水分路"。

在台风前进的方向上，浪涛汹涌、浪头很高、浪距更长，海浪涌近海岸变成许多滚滚的碎浪，往往使沿海的水位增高，引起涨潮现象，而且岸边常飘浮着很多污物和什草，此时台风已经比较靠近。此外，如海水出现上冷下热、有腥臭味或海底起泡，也说明台风将要来到。

然而，由于台风造成巨浪翻滚，海面生态环境发生了较大的变化，使较大的鱼类、海豚等群集海面或游回内海，这不仅是台风到来的信息，同时又是渔民"巧夺时间差、抢风头捞捕"的信息；当天气闷热，海鸟成群结队从远处飞回、乱飞乱叫，甚至陆地上的一些畜禽、野兽不安地躲藏等，要引起警惕，提防台风入侵。

及时准确地捕捉"三象"中的信息，为预测台风提供了依据。"土洋结合"即可做好台风预测工作。

《侨乡科普》
1985.9.23

台风来临前的征兆

台风是一种灾害性天气，侵袭时往往威胁人们生命、财产安全，然而，台风有其有害的一面，亦有有利的一面。台风季节时值夏暑酷热，盘踞在西太平洋上纵横几百甚至上千公里的副热带高压正西伸北移，控制着我国大片地区，烈日炎炎，经久不雨，人们多么盼望有弱台风，或受台风边缘影响，带来甘霖，消除旱情。

台风到来之前，天象、物象、海象等会给我们发出预兆。

天色。台风到来前两天，暮色由橘红色、桃红色变为紫铜色，地平线处呈现深灰色带。在日出前、日落后，天空由出现太阳的位置放射出七色的"吐龙须"。这说明外海已有台风形成，台风可能正面袭击本地。渔民常以"日落风葱①现，太阳生须向上天"来判断台风的来临。

云系。一般当距台风中心 500 ~ 600 千米时，也就是台风入侵的前两天，天空往往出现一种乱丝似的带有光泽的云彩，呈羽毛状或马尾状的卷云。云的分布是从水天线某一点向天空四周散开，宛若扇子形状。一般说，"扇把顶端"是台风中心位置，卷云的发展方向是台风的移行方向，随着台风的移近，卷云逐渐增厚变多，继而有低垂的呈灰黑色的一团团像破布块、破棉絮似的积云。

风信。夏季盛行偏南风，而当台风来临前，我们处于台风的西北部，受其影响风向转为偏北风。农谚"六月无善北，大水淹头壳"、"六月北风便是台"等，是有科学道理的。

长浪。平常的海浪，浪顶是尖的，前后两浪间距较短，浪头高低不一，浪涛声节拍急促。在距离台风中心 1000 千米左右的海面上，可以察见由台风中心传播出来的长浪。长浪浪顶是圆滑的，声音节拍沉重缓慢。

潮位。正常情况下潮流、潮汐有一定的规律性。在台风前进的方向，浪涛汹涌，浪头很高，浪距更长，海浪涌近海岸变成许多滚滚的碎浪，出现流向变乱、流速变急、潮位急增或急降以及涨落时刻异常等现象。

此外，海水出现上冷下热，有腥臭味或冒泡；海豚及一些较大的

---

① 风葱：似葱根状的暮光。

鱼群游集海面或游回内海；海鸟成群从远处飞回；陆地上的一些畜禽、野兽表现不安等，这些都是台风将要来到的信息。当然，不能单凭一、二点即加以判定，要多方面仔细观测分析，才能准确地预测台风。

《福建日报》

1987.9.1

热在"三伏"

"三伏"是我国民间的一种节令，由"干支"纪日法确定。农历自"夏至"日起的第三个庚日起数为"头伏"（或称初伏）开始，第四个庚日起为"中伏"开始，"立秋"日起第一个庚日为"末伏"开始，统称"三伏"。

"夏至"这天是北半球一年中白昼最长夜晚最短的一天，可照时间最长，地面接收的太阳热量最多，而散热最少。照此说来"夏至"应是全年最热的时候，但事实上一年中最热的日子不在"夏至"，而在"夏至"后的伏天。因为夏至以后虽然白昼减短夜晚渐长，但在"伏天"内仍然是昼比夜长，每天地面对热量的吸收还是大于散发，使地面热量的积累逐日增加，近地面气温逐日升高，所以"三伏"是一年中最热的时候，俗话说"热在三伏"就是这个意思。同时又因为受"副热带高压"控制，天气晴热少雨，加剧了三伏天的炎热天气。

伏天的日期大约在阳历7月中旬至8月中下旬，这时梅雨已结束一个多月。"三时已断黄梅雨，万里初来舶棹风"，苏东坡把进入盛夏的东南风（俗称舶棹风）作为送走梅雨，迎来干燥炎热的夏季风是有气象根据的。如果前期雨量偏少，雨季结束偏早，又没有台风影响带来雨水，就会出现酷暑炎热的"伏旱年景"。我们搞农事活动，应该掌握这一气象特征。

《兴化报》
1985.7.6

雨量小谈

雨量，是以降落到地面上的雨滴未经蒸发、渗透、流失而积聚的深度来确定的。我们只需在室外放置一个容器收集雨水，测其水层深度，根据容器的口径就可计算出降水量的多少；或者秤称其重量，也可换算得知其量。为了观测的方便和准确，气象部门用特制的统一规格的雨量筒（量雨器）储集雨水，然后倒入与量雨器口径成比例的雨量杯（一种有刻度的玻璃杯，每小格 0.1 毫米、每大格 1.0 毫米）来测定一定时间内降水量的数值（毫米数）。

人民群众在生产生活实践中，有以"一透雨"、"一淹水"的办法来判定降水量的多少。"一透雨"是降水量能润湿土层相当于一锄头长（约 20 厘米）的厚度；"一淹水"指一弧形的瓦片（约 2.5 厘米高）平放在口径约 40 厘米的木桶（脚桶）内，水量恰好能淹没。据实验观察"一透水"、"一淹水"，相当于 30 毫米的降水量，地面积水约 3.3 厘米，这种程度的降水量，旱情可缓解、土地可翻耕。

我们知道，1 毫米等于 1/1000 米，1 亩[①]地面积是 666.7 平方米，因此 1 毫米的雨在每亩地上可增加 0.667 立方米的水（即 667 千克水），而每立方米的水是 1000 千克，这样，下 1 毫米的雨，等于每

---

① 1 亩 =1/15 公顷，下同。

亩地浇上 13.3 担水（667 千克）。

降雨强度是降水的一个重要特征。雨量的多少可相对说明降雨强度的大小。以在单位时间内的降水量多少、结合降雨时的情况分为小雨、中雨、大雨、暴雨等。

小雨：一天内降水量在 10 毫米以下。雨点清晰可辨，没有飘浮现象；下到地面石板或屋瓦不四溅，地面泥水浅洼形成很慢，不会造成泥浆。降雨后至少两分钟以上始能完全滴湿石板或屋瓦，屋顶雨声缓和滴沥，屋檐仅有小滴水。

中雨：一天内降水量 10～25 毫米。雨落如线，雨滴不易分辨；落到硬地或屋瓦上即雨滴四溅，水洼泥潭形成快，屋顶雨声淅淅沥沥。

大雨：一天内降水量 25～50 毫米。降雨时模糊成片；落到硬地或屋瓦时四溅高达数寸[①]，水潭形成极快，能见度大减，屋顶雨声如擂声，哗哗喧闹。

暴雨：一天内雨量大于 50 毫米。雨下得很猛，倾盆如注，低处易涝，屋顶雨声乒乒乓乓作响。

一天内雨量达 100～250 毫米为大暴雨；250 毫米以上为特大暴雨。

《侨乡科普》
1985.3.5

冷在"三九"

"三九"是我国人民群众习惯使用的一种节令，从农历"冬至"

---

① 寸：市制长度单位，1 寸 ≈ 3.33 厘米。

后开始算是"数九"，九天为"一九"，有九个"九"，共81天。所谓"三九"就是"冬至"后的第十九天到第二十七天（阳历元月9日或10日至17日或18日）。

众所周知，由于太阳直射在地球表面的位置不同，地面的气温会发生明显的变化。在北半球，"夏至"时节太阳直射北回归线，是一年当中地面从太阳得到热量最多的时候；"冬至"时节太阳直射南回归线，白天最短，黑夜最长，是一年当中地面从太阳得到热量最少的时候。照此说来，"冬至"应该是全年中最冷的时候，但根据气象观测资料表明，一年中最冷和最热的时段分别出现在阳历的1月中旬和7月中旬，也就是正值"三九"和"中伏"时段，这与谚语"冷在三九，热在中伏"是一致的。事实上一年中最冷的时候并不是在"冬至"，而是在"冬至"后的"三九"。这是为什么呢？

我们知道，地面气温的变化，主要受太阳辐射的制约。地面吸收太阳短波辐射获得热量的同时，也不断地放出长波辐射而散失热量。"冬至"这天，地面吸收热量少，散失热量多；"冬至"后虽然昼渐长、夜渐短，太阳给地面的热量开始增多，但地面上长期积累下来的原存热量仍继续散发，吸收的热量不够抵偿散失的热量，结果每天实际吸收的热量却少了，则气温仍继续缓慢下降。到了"三九"前后，地面保存下来的热量就很少，出现"亏热"现象，加上大量散热的缘故，气温将达到最低，所以"三九"前后，就是全年中最冷的时候了。同时在"三九"期间，北方冷空气大股南下，形成寒潮，气温大幅下降，"雪上加霜"，天气严寒。根据这一气候规律，"三九"天我们要采取相应措施，做好防寒保暖工作。

《侨乡科普》
1986.1.5

"数九寒天"

"天时人事日相催,冬至阳生春又来。"天时轮换,寒暑变化。"数九寒天"是表述气候节令的一个词语。这里的"九"是指从农历"冬至"日后开始计算的。每九天为"一九",到"九九"止,有九个"九"、共81天,是一年中最寒冷的时期,称为"数九天气"。民谚"冷在三九"、也就是说"九九"中最冷的时段出现在"三九"。这是为什么呢?

我们知道,在北半球,"冬至"时节太阳直射于南回归线,太阳高度角最低,白昼最短,黑夜最长,是一年中地球接受太阳辐射最少的时候,依此论理,"冬至"应是最冷的时候,但由于地面在夏秋季节时所吸收的热量尚有积储,所以气温还不会降至最低;而到了"三九"前后,虽然太阳辐射量比起"冬至"有所增多,但这时地表原积累的热量已经散尽,吸收的热量不够抵偿散发的热量,所以气温将会降至最低,特别是遇上北方强盛的冷空气南侵时,北风呼啸,寒风凌厉,故又有"三九、四九冻死猪狗"之说法。

严冬季节,草木凋零,蛇虫蛰伏,大自然呈现沉睡状态,动物、植物活动受阻,同样也给人类带来不利的影响。大家知道,人的生命活动与气候密切相关,寒冷时节,人体内的基础代谢率增加,能量消耗大,影响其正常生理功能;此外寒冷的气候还会使肾上腺皮质功能受到抑制,免疫功能下降、抵御环境能力差,容易诱发心血管病、哮喘、溃疡、肾炎和高血压等多种疾病,并使病情加重,严重的甚至死亡。寒冷的气候对上呼吸道的影响也很大,往往可导致鼻黏膜充血,鼻腔分泌物增多,使病菌更易潜入。寒冷的气候还会引发感冒、关节炎、消化不良和妇女病等,尤其是对老弱病人的威胁更大,有语道:"老人孬过冬"这是众所熟知的情况。所以要采取相应的保暖、防寒、防冻措施，注意增加营养，加强体育活动，保护身体健康。

我们的祖先对严冬天气的变化规律有较深刻的认识，并留下了宝贵的经验和文化遗产，如妇孺皆知的"九九歌"。我国各地所传的"九九歌"虽是内容不尽相同，但都表述了"九九"期间的冷暖程度和物候变化情况，如源于黄河流域的"九九歌"：一九二九不出手，三九四九冰上走，五九六九沿河看柳，七九河开，八九雁来，九九加一九，耕牛遍地走。九九寒尽，春来花开，是一首脍炙人口的物候歌。又如妙笔生花的"九九消寒条幅"。把"庭前垂柳珍重待春风"的佳句写成空心字条幅，每字九笔，九字八十一笔，每天添上一笔，描完九个字，即九尽、寒尽。再如墨趣横生的"九九寒梅花图"。绘一朵八十一瓣的素白梅花图，每天添红一瓣，至最后一瓣涂红时，一朵红艳的梅花跃然纸上，表述九寒尽而春暖临。明代刘侗、于弈正合撰的《帝京景物略》中载："日冬至，画素梅一枝，为瓣八十有一，日染一瓣，瓣尽而九九出，则春深矣"。这些充满诗情画意的文学艺术佳作，把文学字画和科学相融一体，妙趣横生，可熏陶精神，鼓舞斗志，努力求索新的希冀。

《迎春花》

2009.12.20

寒　潮

寒潮是北方强冷空气南下所造成的天气过程。因为大规模的强冷空气来势迅猛，有如潮水一样奔流而来，所以人们称它为"寒潮"

或"寒流"。

寒潮的"老家"在遥远的北极、西伯利亚和蒙古高原一带。从秋分到翌年春分的半年时间，由于大阳光直射南半球，北半球各地昼短夜长，纬度越高夜越长；而在北极附近，终日不见太阳，黑夜漫长，大气和地面不但得不到来自太阳的辐射能量，而且地面热量大量向空中散发，极为寒冷，通常气温在 -40 ~ -30℃，有时低到 -70 ~ -60℃。因为冷空气密度大、体积小，易于下沉，愈沉愈多，压力愈大。经过一段时间的酝酿，冷空气积聚到一定的程度，在高空西北气流的引导下，强冷气团就像冲破堤坝的洪水那样倾泻南下，这就是所谓的"寒潮暴发"。

寒潮前锋到达时，会出现强势的偏北大风和明显的降温，一般24 小时内气温下降幅度可达 10℃以上，日最低气温通常在 5℃以下，并伴有霜和冰冻，如与暖空气相遇，还会引起雨、雪或冻雨等。当冷气团向暖气团移动时，在冷锋前面，自低层到高层盛吹偏南风，气温显著上升。所以在寒冷季节，如果天气突然反常地暖和起来，并且刮起偏南风，说明寒潮要来临。农谚"一日暖，三日寒"、"一日南风三日暴"、"南风吹到底，北风来还礼"等，就是这个道理。

《泉州晚报》

1988.3.2

寒潮标准

在北半球,寒潮是高纬度(北方)的强大冷空气团入侵低纬度(南方)的活动过程所造成的天气,主要表现为剧烈降温和大风,伴有雨、雪、雨凇、雾凇，或霜、霜冻和结冰等。

我国幅员辽阔，各地的地理环境和生产活动等情况不同，冷空气侵袭时所造成的影响也不同，各地气象部门根据实际情况，规定了寒潮的标准。福建气象部门规定寒潮的标准为：

(1) 48 小时内日平均气温内陆地区下降 8℃ 以上（含 8℃），沿海地区下降 7℃ 以上（含 7℃）；

(2) 极端最低气温内陆地区在 5℃ 以下（含 5℃），沿海地区在 6℃ 以下（含 6℃）；

(3) 日平均气温的过程最低气温，比历年同期的旬平均气温低 5℃。

寒潮是冬季的主要灾害性天气，强寒潮袭击会影响交通、供电、通讯等，以及使畜牧、作物、果树等遭受冻害。然而寒潮带来的雨雪对农业有利，它带来的霜冻、低温能冻死地里的越冬害虫。

《泉州晚报》

1988.12.24

霜冻及其预防

每年深秋至早春期间，北方强冷空气频频南下。冷空气过境之后的翌日清晨，如果天晴无风，原野草地、屋顶瓦片上，常有一片颗粒细圆、晶莹雪白的珠子，人们常称这种现象为"下霜"。其实，这是一种习惯性的错误说法，因为霜不是从天而降的，而是"露结为霜"。当受冷空气影响时，在晴朗无风的夜间，地面大量散热，温度迅速下降，空气中的水汽达到饱和而凝结成露珠，如果温度降低到 0℃ 以下，水汽（露珠）就直接在物体表面凝结为白色冰晶，这就是霜。霜在冷空气过境后，天空放晴时形成，由于受西北气流控制，大气较稳定，所以霜后会维持晴好天气，"霜重见晴天"就是这个道理。

霜冻与霜不同。霜冻是指严寒而使植物遭受冻害的现象，即在短时间内气温突然下降到低于作物生长的最低温度，而引起冻害的现象。

各种作物的冻害指标因各种作物生长所需求的最低温度的不同而不同，但多数作物在温度降到0℃以下时，就会受到冻害。当温度降到0℃以下后，植株细胞间的水分开始冻结，体积膨胀引起植物细胞机械损伤；同时水分向外渗透，造成脱水而使原生质胶体凝固，致使生长受害，甚至枯萎死亡。所以通常把地面最低温度降到0℃时，作为霜冻标准。

一般而言，出现霜冻时，不一定就有霜出现，而出现霜时，往往伴有霜冻。晚秋产生的霜叫"早霜"，早春产生的霜叫"晚霜"。春天到来，植物生殖器官处在形成期，对低温最为敏感，所以晚霜冻对农作物的威胁更大，要特别注意预测预防。防霜冻的办法一般有：增施热性肥御寒、灌（洒）水洗霜消寒、覆盖保温防寒、熏烟增温抗寒等。

《福建日报》

1989.2.14

春夏之交当防雷电之祸

入春后南方暖湿气流逐强北上，常与南下的冷空气交锋，造成雷雨天气，而夏天的午后，因地面受太阳暴晒，底层大气受热膨胀急速上升，常与高空沉降的气流产生剧烈摩擦，使积雨云电荷过量，霎时间出现闪电、鸣雷和暴雨同时发作。雷霆之怒，其威巨甚，一次雷电放电的时间虽然只有千分之几秒到十分之几秒瞬间，但发出的电能可达十亿、百亿甚至千亿瓦特，其热量可达18000～24000℃，为太阳表面温度的3～4倍，这强大的电流如果通过山头、高楼屋顶、大树、电线杆等高耸物体附近，常会击伤、击亡人畜，击毁建筑物，甚至引起火灾祸害。据统计，地球上每秒钟有近百次雷电奔驰落地，致使每年有四千人左右遭受其袭击。

我们知道，电荷的特性之一，就是颇爱在突出部集中，故旷野孤立的高地,高耸建筑物极易发生"落地雷"，它形成强大的电流，其炽热的高温、电磁辐射以及伴随的冲击波等，破坏力极大。而金属物体和潮湿物的导性好，极易"引雷入身"，所以一旦遇到雷电天气，它们就是是非之处。当今防止雷击的措施，主要是安置避雷设施，消雷于天于地，此为上策。如果遇上了雷雨天气，为了安全起见，可采取以下措施：一避开高楼大厦、古塔、电线杆、高烟囱、观测塔以及空旷田野上的突出处；二不要靠近或接触电线、自来水管、铁轨、铁栏杆等金属物体；三关闭电源，不要打电话、开电灯，不要使用家用电器等；四迅速离开开阔水域，不要停留在江河湖海面上游泳或作业。此外，不要许多人拥挤在一起，不要穿湿衣服和靠近潮湿的树下、墙根底下。如果一时找不到安全的避雷之处，应取双脚并拢站立，以减少人体的暴露和与地面的接触面；蹲下时可将双手置于膝盖上，这样以避免叉开时，电流从高电位的脚端通过全身流向低电位的脚端，从而产生"跨步电压"，造成电击伤亡。

综上所述，防治雷击最好应采取安装避雷设施的措施；应急时可掌握"二避二就、二不要"的原则，即避高处就低处，避湿处就干处，不要接触金属物，不要启用电器、打开电源，同时关好门窗。

《福建科技报》
1992.6.12

秋高话气爽

金风送爽，玉宇澄清。

"碧云天、黄花地"。秋天，天空一色碧蓝，格外晴朗；大地一遍金黄、分外艳丽。日平均气温在22℃左右，冷热适中，清爽舒适，犹如进入大自然的空调室内，令人心旷神怡，倍感舒服，骚人墨客也为之感怀赋诗，如唐文学家杜牧在《秋夕》中写道："天阶夜色凉如水。"所以人们用"秋高气爽"来概括和赞美金色秋天的宜人气候。

天气晴朗，气温适中，能见度好，是秋高气爽的主要因素。为什么秋天有如此宜人的天气呢？

一是入秋后，地球与太阳的相对位置发生变化。太阳由"夏至"时的直射地球，逐渐变为斜射，昼渐短、夜渐长，地面上吸收太阳光辐的热量，逐渐比夏天少，从地面蒸发到空气中的水分也随之减少，而形成天高云淡的晴好天气。当夜间没有云层遮蔽时，地面上的热量得以自由放散，使夜间散失的热量大于白天吸收的热量，近地面的气温逐渐降低，天气就慢慢地凉了下来，但毕竟这时气温降低得还不多，故凉而不寒，正如唐代诗人韩偓在《已凉》中写道："已凉天气未寒时。"天气不冷不热，凉爽宜人。

二是到了秋天，大气环流发生了变化。原来盘踞在我国大片地区的西太平洋副热带高压，开始减弱往它的南方海洋"老家"逐渐撤退，而北方冷空气逐渐增强，并向南挺进，北方的干冷气团驱逐走了从海洋上来的暖湿气流。在冷高压控制下，高层气流辐合，出现下沉气流，故不利于云层形成，透明度颇好，出现了白天碧空万里，夜间满天星斗的"秋高气爽"的天气。

此外，由于在冷高压系统控制下，空气中的水汽、杂质含量少，而且大气中的成分主要由直径很小的气体分子和微尘组成，这样使波长较短的蓝色等光线所受到的散射最强，天色显得特别深蓝。加上水平和垂直能见度好，视野广阔，因此，天空显得"高"了，秋高气爽之感便油然而生。

《泉州晚报》

1986.8.31

漫话"雾"

雾是近地面空气中的水汽凝结现象，由大量悬浮的小水滴或冰晶构成。按其成因不同有：由于夜间地面辐射冷却，使近地面空气中水汽产生凝结的辐射雾；由于暖空气移到冷下垫面，使低层空气中的水汽冷却，凝结而成的平流雾；由于冷空气移动到暖水面引起的蒸汽雾；在锋面上，雨滴从暖空气中降落，经过下层的冷空气，因雨滴的蒸发使冷空气中水汽达到饱和，而凝结形成的锋面雾，以及在极端严寒时（一般在 -20℃以下），雾中含有冰粒的冰雾等等。

雾对农业生产有举足轻重的影响。俗语："万物生长靠太阳"，阳光是一切植物赖于生育的能量源泉。而茫茫大雾，遮盖住太阳的光辉，使日照时间减少、光照强度变弱和影响阳光质量，从而妨碍光合作用，致使作物徒长，营养不良，黄嫩不壮，影响其正常生长发育，尤其是对非高光合效能的三碳作物，如麦、稻、大豆、油菜等，影响更明显。雾天空气中的水汽处于饱和状态，使植物的蒸腾作用受到抑制，从而对由根部吸收的水分减少，影响植物体养料的输送。同时因空气过分潮湿、不利于花期的授粉，使结实率降低、影响产量。此外，还有特殊成因的雾。

"臭雾"。由于空气的水平流动，暖平流形成的平流雾路经人烟稠密的沿海地区，会使雾滴发生酸化，同时也把许多杂质和病菌捎带到内地，雾气带有腥臭味，俗名叫做"臭雾"。这种雾因为携来病菌孢子和空气湿润的缘故，使植物组织软弱，抗病能力下降，病菌易于侵入，引起植物病害的发生和蔓延；甚至还会使人畜的某些传染病流行。

"火雾"。多发生在内陆地区伏天的上午。雨季结束后，副热带高压西伸控制大陆，空气稳定，太阳辐射强，当天气闷热时，地面上大量水汽蒸发到低层空气中，形成高温高湿的"火雾"。它对作物危害颇大，会把作物熏黄，甚至引起作物"烧死"的现象。

大雾朦胧，浩乎无际，给陆、海、空交通制造麻烦，酿成事故，故有"无形杀手"之称。同时对人们生活也有许多不利的影响，诸如助长霉菌繁衍，致衣、物、粮谷、食品霉烂，浓工业废气等污染物不易扩散、稀释，极大影响本底大气质量等。

雾，百害而无一利吗？非也。据气象学家测算，一平方千米的雾气含有近50万升的水，能滋润农作物和阻挡冷空气接近；雾滴能大量吸收地面长波辐射，防止地面热量的散失，使夜间气温不会骤然降低。观测资料表明，清晨有雾比无雾时，气温平均高约4～5℃，可以保护农作物防御冻害。尤其对提高茶叶产量和质量有着特殊的贡献，因为浓雾弥漫，减少了太阳的直接照射，因而芽叶肥嫩，产量高，质量优。

雾是一种天气现象，只要我们认识它，权衡其利弊，研究和掌握其成因和规律，就可以趋利避害，造福人类。

"厄尔尼诺"现象

《泉州晚报》5月13日第三版的"天气异常与今年闰六月无关"一文中说，今年天气异常主要由"厄尔尼诺"事件造成。你知道什么叫"厄尔尼诺"吗？

"厄尔尼诺"现象，亦即"厄尔尼诺"暖流，是一种异常的海洋大气现象。通俗而言，就是指穿过太平洋流向南美洲海岸的一股不固定暖流，取代了厄瓜多尔——秘鲁海岸一股弱暖流的一种现象。

"厄尔尼诺"简称"尼诺"，是西班牙文，意思是圣婴，这里暗指耶稣。每逢10月至翌年3月，从厄瓜多尔和秘鲁沿岸向南流动着一股弱暖流，使海洋表面的温度明显升高，盐度降低。通常在复活节时达到高潮，原意即"耶稣之子"。然而，这股暖流，每隔若干年会变得特别强，其活动范围远大于局限在厄瓜多尔和秘鲁沿岸，可从南美沿赤道一直向西扩展，常可流至太平洋中、西部。所以我们现在所称的厄尔尼诺，就不是局限于厄瓜多尔和秘鲁的弱暖流，而是涉及全球的一股强的海洋暖流。

厄尔尼诺现象发生期间，表层海水可升高4℃以上，水温变化深度可达到1000米以下，热潜在力极为巨大。海水增温，给大气层增加了大量的热量和水汽，从而影响大气环流，引起地球上大范围天气异常。据记载，"尼诺"暖流大约每8年或10年发生一次。

1950 年以来，发生过 15 次世界性的厄尔尼诺现象，有 14 次我国出现了暖冬。1997 ～ 1998 年的厄尔尼诺是 20 世纪最强的一次，造成了世界性的气候异常和自然灾害，我国江南大部分地区降雨增多，长江流域发生特大洪涝。

《泉州晚报》

1987.6.11

蔚蓝的天空

"上有蔚蓝天，垂见抱琼台。"（杜甫《冬到金华山观》）。天空是没有颜色的，为什么我们看上去是蓝色的？

当光线射到任何质点的直径比它波长小的物质时，就要发生散射，散射量与波长的四次方成反比。我们知道，太阳光是一种复杂的白光，经色散后，我们肉眼能清楚辨认出的有红、橙、黄、绿、青、蓝、紫，每种颜色都是由电磁辐射的一定波长所形成的。因为从红光到紫光，光线的散射增加很快；而蓝色的光波较短，只有红光波长的 30%，所以当太阳光线穿过大气层时，蓝色光就较容易分散，因此天空呈现蓝色。科学家证实，空气纯洁无灰尘时，天空显得较深蓝；而空气混浊、含有大量水滴或冰晶等水汽凝结物时，天空的颜色略显白色。由此可见，天空的蓝色程度与大气性质有密切关系。天空颜色的变化，表明大气中存在的水汽和尘埃等的变化。水汽和微尘是行云致雨的物质基础，云雨这台戏，水汽唱主角，尘埃（凝结核）即是导演。

因此，仔细观察天空的蓝色程度，也可判断天气可能发生的变化。一般而言，当天空由深蓝色变为带白色时，是表示天气将要变坏的征兆。俗话说"天空发白，风雨到家"，是有一定的科学道理的。

《泉州晚报》
1988.6.5

星光闪闪

我们用肉眼或望远镜所能见到的发亮的天体，都称"星"。"小小星星，亮晶晶，一闪一闪像个小眼睛"，晴朗无云的夜晚，我们可以看到满天星星闪烁发亮，时隐时现、或明或暗，密密麻麻、好像在不停地眨着眼，令人眼花缭乱，这种现象叫做闪光。星星的闪光是星星的辐射光线，通过大气密度不同的空气层和曲折、形状不同的空气波，发生多样的折射，有时像受凸透镜的作用，形成聚光束；有时像穿过凹透镜那样，成为散光束，在我们肉眼看来，星光在不断地改变其亮度，时强时弱。另一方面，大气又能使星光的光线发生色散，不同波长的光线折射系数不同，光谱由此而成。由于亮度的变化伴随光色的变化，使我们看到天幕上点缀着的星星闪闪发亮、时隐时现、或明或暗的变幻无穷的星空画图。

可见，星星的闪光现象和大气状态有着密切的关系，特别是大气中的水汽对闪光有很大的影响。气温低（空气密度大）、水汽多，闪光现象表现就明显、强烈，反之则相反。所以我们通过观察星星的闪光现象，可以判断天气可能发生的变化，例如：当暖锋或气旋接近时，闪光特别强烈，这同天气谚语："星星过密，雨在明日"、"星星闪动，下雨有望"、"星星眨眼，离雨不远"等是一致的，说明空气不清爽、杂质多和大气不稳定。大气以不同的速度在互相流动，使星光闪动明显强烈，预兆天气将转坏。

《侨乡科普》
1985.5.21

瑞雪兆丰年

作为吉祥用语的"瑞雪兆丰年"的说法，在我国人民群众中耳熟能详，广为流传。瑞是吉祥之意，瑞雪指冬雪。《论衡·讲瑞》中记载"夫恒物有种类，瑞物无种。"瑞雪兆丰年的意思是说冬天下大雪，瑞兆来岁农业得丰收，这是有一定的科学道理的。

我们知道，雪是不良导体，不易散热，大地田野覆盖着皑皑白雪，似如人为地披上一条保温的毯子，使地表层保持着一定的温度，保护越冬作物安全过冬，同时能减少土壤水分蒸发，起到保墒防旱的作用，这是其一。

其二，雪在凝结和降落过程中能吸收空气中的游离氮、硫化氢、二氧化碳、二氧化硫和其他杂质，达到净化空气的效果，同时还可逐渐地把这些气体转化为肥料，渗透到土壤中，为庄稼提供养分。据测定，雪水中的含氮量比雨水高五倍，这些氮化物与土壤中的酸化合物结合后形成各种盐类，成为利于作物的氮肥。

其三，雪在融化的过程要耗掉许多热量，土壤温度降低，使地表和作物根部的一些害虫冻死，减少虫害祸根。

其四，雪水质地纯洁，不但植物易于吸收，利其生长发育，而且有催芽作用。例如，用雪水浸泡小麦、玉米等种子，能起到增产的效果，同时长出的庄稼既耐旱，又不生虫子。

其五，雪水中的重水含量比普通水少四分之一，用它来作饲养家禽、家畜，能收到令人意想不到的甚佳效果。据研究资料通报，用雪水拌和饲料喂养母鸡，可增产蛋率一倍，平均个蛋重增长 8.2%；喂养小猪同样能取得长膘快的效果。

此外，雪水有清热解毒的功效，可治疗多种疾病。《本草纲目》说："雪，洗也，洗除瘴疠，虫蝗也。"用雪水洗眼能退赤；温热饮服可治黄疸；煎茶煮粥能解热止烦等。

《侨乡科技报》
1990.3.8

"黎明前的黑暗"的科学

黎明即天将亮而未亮时。"黎明前的黑暗"一语，隐喻其困难、挫折或失败是短暂的，是光明在前、胜利在望的前奏，鼓励人们在不利的困难情况下，要提高勇气，树立信心，克服暂时的困难，迎接新胜利的到来，这个比喻贴切、客观，符合实际情况，是文学和科学相结合中的一例。

白天，在天空无云时，我们感受有两种光线，即太阳直接辐射和大气的散射，黎明前及日落后，太阳在地平线以下，地面上不能接受太阳的直接辐射光，但较高的大气则仍受阳光的照射，并把散射光线投向我们上空，这是一种大气中的光学现象，称为"曙暮光"。

"曙暮光"时间的长短与照度，取决于太阳在地平线下的升降速度，也就是太阳的倾斜度，常因纬度、季节和大气状况的不同而异。高纬度、下半年和空气潮湿的情况下，曙暮光的延续时间长、照度强，反之则反。此外，天空中的云彩和透明度也会影响"曙暮光"的延续时间。黎明前的一霎，曙光结束前，较高气层受太阳照耀而投射的散射光线由于海水反射的方向而转到更东边，致使射到我们上空的光减少，这时天空反而变得黑了一阵，出现"黎明前的黑暗"；当太阳离开地平线后，则旭日东升，地面上才大放光明。

《侨乡科普》
1985.12.7

怎样识别荧屏卫星云图

云——天气的告示，云的变化是天气变化的征兆。

过去人们只能从地面上观测云貌，观测的广度和深度都很有限。自从 1960 年 4 月 1 日美国发射第一颗气象卫星（泰罗斯 1 号气象卫星）之后，全世界陆续发射了一百多颗气象卫星。气象卫星遨游在上万千米的高空，监视风云变幻。卫星上的探测器对地物和云象的辐射进行扫描，再把信号传到地面，经地面接收站的技术处理与校正，制作成云图照片。我国从 20 世纪 70 年代开始接收并运用美国和日本的气象卫星云图，1986 年开始在电视屏幕上显示彩色卫星云图。从屏幕云图上，我们可了解地球大气中云系、天气系统（气旋、锋面等）和灾害性天气，如台风、冰雹等的位置、强度及其生消演变情况。

怎样识别卫星云图呢？

卫星云图分为可见光云图和红外云图两种，可见光云图即电视云图。根据热辐射定律，温度高则图片黑度大，温度低则图片颜色较白，故云顶越高，温度越低，色调越白。因而，在云图上表现为黑色（陆地）背景的白色图案，深色为海洋、湖泊、森林、牧场等，浅色的为云层，一般云愈厚愈白。换言之，图像上有白、绿、蓝三种颜色，白色区为运动中的云层，绿色代表陆地，蓝色代表海洋。

云形还可以根据特征判别：从结构上看，云区中呈现有纤维状的多是高层的卷云；团团密集的较亮的云区多为低层的层积云。从云区光滑度看，纹理光滑的多为层状云；相反，纹理粗糙、多皱纹的多为积状云；从形状看，云区边界呈圆形的属于台风、冷涡云区；云区呈带状的属于锋面或急流云区；云区边界一侧清楚，一侧不清楚的多是积雨云区。

《福建日报》

1988.10.11

温度表史话

温度表俗称"寒暑表"，有如干（湿）球温度表、最高（低）温度表、地面（曲管、直管）温度表，旧温标为摄氏（℃）和华氏（℉）两种。能自动记录温度变化的仪器，则称"温度计"。1603年，意大利学者伽利略根据物体热胀冷缩的性质制造了第一支温度表，迄今已有 380 多年。他把水灌入细玻璃管中，然后倒过来直竖在盛水的杯中，由于外界温度变化引起玻璃管内水柱因胀缩发生升降以测定冷暖。但由于大气压强的变化，大大地影响了准确性。

1654 年，托斯卡纳大公费迪南德二世作了改进，将细玻璃管与玻璃球连接在一起，这样就减少了大气压力的影响，但由于在低温情况下水会结冰，况且水有其"稀奇古怪"的特性，即当冷却到 4℃ 以下时，体积反而膨胀，玻璃管就会爆裂。后来，法国物理学家阿蒙顿又作了改进，他用水银作为测温液体。水银具有凝固点低、比热小、体胀系数大等优点，测温灵敏准确，但阿蒙顿制造的温度表因管口敞开，携带不便，水银蒸发又有剧毒，所以没有得以普遍使用。

1714 年，德国物理学家华伦海德综合了费迪南德和阿蒙顿的优点，把水银加热，使液面升到玻璃管的顶部，然后封闭管口，冷却后液面下降，管顶内呈真空，管面加上刻度。刻度是以水凝结为冰或熔解成水时的温度作为冰点，定为 32 度；以水沸开时的温度作为沸点，定为 212 度。中间平分为 180 度，称为华氏温度表。1742 年，瑞典天文学家摄尔修斯采用了另一种温标，将冰点定为 0 度，沸点定为 100 度，中间分成 100 等分，这种温度表叫做摄氏温度表，也称"百度表"。华氏温标写为"F"，摄氏温标写为"C"。还有一种开氏温标(或称绝对温度)写为"K"，它的零度为 -273.18℃，相当于分子运动完全停止时的温度。目前科学实验中已能在容器内达到 0.000033K 的低温，则接近于绝对零度（热力学温标的零点）。

除了常用的液体温度表之外，还有根据固体的线性尺寸随温度变化而制成的变形温度表，如双金属片温度表。随着现代科学技术的发展和需要，根据用途不同，设计制造了种类繁多的温度表（计）。如根据导体或半导体的电阻随温度而变化的原理制成的电阻温度表；根据温差电偶的电动势随接头温差而变化的原理制成的温差电偶温度表（500 ~ 1600℃）；根据高温物体的热辐射强度的原理制成的高温计（1600℃左右）；根据炽热物体发光亮度设计制成的光测高温表（800 ~ 3200℃）等等。近年来，还研制出各种小型测温元件，在远距离遥测、高空探测、大气物理研究、冶金工业等各类技术部门，以及科学实验中发挥了其重大作用。

《泉州晚报》
1992.3.18

风级创制鼻祖谁属？

风对地面（海面）物体影响程度而定的等级称为"风级"。目前使用的风力等级是英国海军大将蒲福于 1805 年拟定的，被命名为"蒲福风级"。但是最早给风力划定级别的是我国唐代杰出学者李淳风。

李淳风所著《乙巳占》是世界上第一部关于气象研究的专著。书中详辨风势远、近、疾、徐。根据风力对地面物体影响情况，第一次把风力区分为动叶、鸣条、摇枝、坠叶、折小枝、折大枝、折木、飞沙石、拔大树及拔根 8 个级别；同时，他还把风向由 8 个方位增添为 24 个方位。400 多年以后，英国学者蒲福在李氏上述定级的基础上而仿效制定出风级。可见，创制风力定级的鼻祖应是我国唐朝太司令、天文学家李淳风。所以说，风力等级以"蒲福"命名，有悖历史真实，是个大遗憾，或者可以说是知识专利产权没有得到保护。李淳风还是一位杰出的天文学家，他编制新历法《麟德历》，计算出贞观八年 5 月辛未朔有日食，同时还改进了浑天仪，并著有法象书 7 篇等。

此外，观测风的器具也是我国最早发明的。明朝太祖朱元璋在鸡鸣山建造观象台（原南京北极阁气象台旧址），安装的相风铜鸟就是 1800 多年前我国科学巨匠张衡所发明的,有《三辅黄图·台榭》:"长安宫南有灵台,高十五仞……有相风铜鸟,遇风乃动。"为证。它要比欧洲的候风鸡早了 1000 多年。18 世纪开始,随着科学技术的发展,风的观测仪器相继问世,并不断改革创新,但所测风速值迄今仍与蒲福风级对照使用。

《泉州晚报》

1988.12.28

"雨打灯"与"云遮月"

元宵和中秋是我国人民的传统节日。是时,人们多么期望天能作美,为游灯、赏月增添良好氛围。但是,有时不能如愿以偿,会出现"雨打上元灯,云遮中秋月"令人扫兴的天气。这是为什么呢?

我们知道,农历正月时值早春,处于冬春过渡阶段,这时南方暖流尚未成势,北方冷空气还很强盛,冷空气频频南侵,经常出现阴雨天气。到了八月中秋,进入晚秋季节,冷空气开始活动,但尚不具规模,其势还不猛烈,不会造成气温的显著降低,但可能促使空中的水汽凝结成云的几率多,造成皎洁明亮的中秋月"犹抱琵琶"羞露面。

谚语把"雨打上元灯"与"云遮中秋月"扯在一起又有什么内在关系呢?气象科学研究结果表明,大气的活动有一定的节奏,有些天气现象表面上虽无直接的关系,实际上却是互相紧密联系在一起的,存在着某种周期性变化的规律。气象资料统计表明,在天气变化过程中,存在着 15、30、60、90、120、150 天等不同周期的韵律变化关系。八月十五与正月十五相隔 150 天,因为都是处于寒暖交替，冷热交锋之际，它们的天气变化就有许多相似之处，出现一定的对应性。

《泉州晚报》
1991.2.26

从"五个太阳"说起

旭日东升，夕阳西下，周而复始。开天辟地以来，只有一轮红日，这是无可置疑的。

可是，继1985年1月3日，黑龙江绥化市上空出现"五个太阳"之后，1986年12月19日上午，西安的天空又出现了蔚为壮观的"五个太阳"。据记载，在半个世纪前（1934年1月22日和23日）西安曾出现过两次。此外，峨眉山顶有过"三个太阳"，庐山也有过"两日"当空，这岂不怪哉！但若揭开"谜底"便能真相大白。

原来所谓的五个太阳、三个太阳或两个太阳，都不是真的（其中一个是真太阳）。非真则假，这种现象，气象学上称为"假日"，或称"幻日"。假日是大气光线中罕见的奇景，乃为光晕现象的种类之一。它是太阳光通过不同形态的冰晶、所形成的光亮斑点，这种光亮斑点，往往在晕环两旁对称出现，有时多者可达七、八个。

但是，形成多个假日时，除了对光线进出冰晶的位置有严格的要求，还和冰晶的形状、排列有密切的关系，所以绝大多数人是难得见到的。假日和晕环犹似"同胞连体姐妹"。晕是人们比较熟悉的一种大气光学现象,它好像是套在太阳(或月亮)外围的一个圆枷,俗称"日(月)枷",或"日(月)打圈"。那么,晕是怎样形成的呢?

晕是太阳(或月亮)的光、通过冰晶受到折射和反射而成的。在高层大气里(8~11千米)的水汽,由于温度特低(-40℃以下),直接升华的冰晶构成了云层(卷层云或卷云)。这种云中飘浮均匀的细微冰屑,大都呈正六角形柱体,柱体的中心和侧面平行的一个假象线称为轴线。当轴线方向和太阳(月亮)光线与人眼和太阳(月亮)连线垂直时,日(月)光线通过冰晶,与经过三棱镜相似,被分散成红、橙、黄、绿、蓝、青、紫七色光,因此,晕圈色彩绚丽、内红外紫、鲜艳夺目,奥妙就在于此。

冰晶轴线在空中的方向、形态不同,产生晕的种类不同,常见的有 22°晕、46°晕。22°晕是日(月)光线通过六角柱形冰晶的截面(即和冰晶轴线垂直的截面)经过两度折射而成的,它的入射面和出射面的交角为 60°,而红光及太阳(月亮)中心与人目的连线之夹角和红光的最小偏向角均为 21°54′,这时我们所见到的是以太阳(月亮)为中心、半径约 22°的光晕圈景。46°的晕是日(月)光线通过六角柱形冰晶的任一侧面射入,从顶面离开,其入射面和出射面的交角为 90°,经过两度折射而成的。

假日可以看成是当所有悬浮于空中的冰晶的轴线成沿直线时的 22°晕的一部分。有的假日离开太阳 46°,在极少数的情况下,也可能出现在离太阳 90°或 180°的距离上。同时出现在几个距离上的假日为多假日晕景。此外晕的形状还有:在 22°晕的上方或下方、40°晕的上方出现与晕相切的光弧;在太阳的上方出现的垂直光柱和穿过太阳环绕整个天空的白色光带的假日环等。

然而,晕的形状还很多,甚至能出现多种多样复杂的晕的综合体。不仅太阳本身能产生晕,而当假日特别光亮时,也能产生"次晕";假日本身还可能产生第二级假日,而第二级假日又带有它自己的 22°晕等。可是，如此稀奇古怪的晕，至今人们还没有观察到。诚然，晕的复杂形态集于一景，是极难达到的，这种科学的推断，恐怕非以特技设计，不得一见。

大气光象绚丽多彩、美妙奇特，自古以来就引起人们的注意。1973 年，我国考古工作者在发掘湖南马王堆汉墓时，出土的大批帛书画中，有一种称为《天文气象杂占》的古书，距今已有 2100 多年。在《天文气象杂占》"占气篇"中，对大气光象的描述十分详细，图文并茂，而其中晕的内容极为丰富。在马王堆一号汉墓里出土的许多珍贵文物中，还发现有一帧"羿射九日"的帛画图，联系到我国古老的神话传说"后羿射日"，足以说明我国人民对晕的观察源远流长。

据《淮南子·本经训》说，尧时十个太阳，同时升到天空，农作物及草本皆被晒焦枯死，民无所食，尧命羿射日。羿一连射下了九日，解除了苦难，"万民皆喜"，乃拥戴尧为天子。对此，可以推测：在尧时代，某年气候干旱，天空曾出现过"十个太阳"（九个假日），而后天降甘霖，旱情解除。可见，这个流传了几千年的神话故事，乃源于生活实践，它反映了一种宇宙光学现象，又反映了我们祖先敢于"人定胜天"与大自然作斗争的英勇气概。

大气中的光学现象和天气变化有着十分密切的关系。大气光象的出现，反映了气候的变化和物理状态，对于未来的天气有一定的预兆。在群众中有丰富的经验，如气象谚语："日晕而风、月晕而雨"、"日月带枷，不雨亦风"、"日打圈三天内有雨"、"月亮生毛毛、大雨滔滔"等。因为晕大都是伴随天空中的卷层云（或卷云）而出现的，这种云一般是在低压或锋面的前部，所以看到晕时，则预示着锋面或低压将临本地，天气将会转坏，这是有一定的科学道理的。

《科学与文化》

1987.2

农业气象与节气 二

Nongye qixiang yu jieqi

春播问天气

旭日初长动物华，春风正暖催人勤。春回大地，人们开始繁忙的农事活动，但这时北方冷空气还不时长驱直入的直冲南下，在广袤的天地间逞威肆虐，造成严重的降温、降雨天气，对春播作物十分不利。低温会推迟芽种的长叶、生根，引起霉烂、冻苗；阴雨使秧苗发育不良，有利于病菌的繁殖而导致烂秧。所以，春播期的天气，历来为人们所关注。为了防御或避免春寒对春播的危害，春播期的天气，主要考虑如下三点：

第一，冷空气是否会侵袭本地。天气异常转暖是冷空气入侵前的主要象征，所谓"南风刮到底，北风来还礼"，"一日南风三日寒，三日南风狗钻灶"等谚语，就是指这种情况。此外，冷空气入侵前，天空西北方往往出现呈羽毛带钩的丝状云，或云层加厚降低演变为鱼鳞状(气象学上分别称为钩卷云和高积云)。俗语云："天上钩钩云，地上雨淋淋"、"鱼鳞天不雨也风颠"就是这个道理。还有"蚯蚓出洞"、"蚂蚁垒窝"、"燕子低飞"、"地板返潮"、"蜘蛛张网"、"大蛇拦路"等物象反映，也是将有寒潮入侵，天气转坏的预兆。

第二，冷空气侵袭后会不会造成低温阴雨天气。时值南北空气势力相当，是造成低温阴雨天气的主要原因。俗语"春暖春不暖、春寒春不寒"是有科学道理的。气象科学研究表明，天气变化存在着"前后呼应"的相关现象，如果前段天气晴天多（较干）的话，根据"久晴必有雨"、"干一档、湿一档"等群众经验，那么当冷空气入侵后，造成低温阴雨的可能性就较大。

第三，低温阴雨天气是否持续。观察风云变化是判断低温阴雨天气持续与否的重要依据。俗语"风大雨停，云薄转晴"。在阴雨天时，如果云层抬高变薄，在天空西北方裂开、露出蓝天，风向转西北，风力加大，则意味着阴雨天气将结束。如"久雨西北晴、西风杀雨脚"、"西北开天锁"之说就是指这种情况。相反，如果风云无多大变化，气温也无回升，则"春寒雨至"，低温阴雨将继续维持。

此外，寒潮过后，天气转晴，午后吹西风，傍晚风停，利于夜间地面散热冷却，要注意可能出现霜冻危害，做好防御工作。

福建人民广播电台《对农村广播》

1988.3.20

雨后春笋的奥秘

春雨过后，竹笋破土，迅猛生长，势不可挡。"雨后春笋"一语，用作形容欣欣向荣的景象，是人们从生活实践中总结出来的富有哲理的成语。为什么雨后春笋长得多又快呢？

据科学家试验研究，从春笋中可提炼出含有醛基的赤霉素，把它喷洒在其他植物体上，受喷洒的植物也能像雨后春笋般地迅速生长。原来，赤霉素是一种植物生长激素，能促进植物发育生长，加上春天有利的气候条件，所以雨后春笋蓬勃生长，长得既多又快。

赤霉素亦称"920"，是一种高效的植物生长素。它是从稻恶苗病赤霉的代谢产物中分离出的一类具有共同的赤霉素烷结构的物质，其中活性最强的是赤霉酸，即赤霉素 A3。赤霉毒纯品为白色结晶，能溶于乙醇、丙酮和脂类，能刺激植物生长，诱导开花或花芽形成，打破休眠，形成无子果实，提高无核葡萄、蔬菜和其他一些农作物的产量。

《侨乡科技报》
1989.1.20

梅雨时节话"三防"

俗语，"四月芒种雨，五月无干土"，说的是阴历五、六月雨季的气候情况，雨季高峰期也常常出现在"小满"和"芒种"节气里。这段时间内，北方冷空气与南方副热带暖流相互交汇在江南上空，形成对峙，徘徊不定，造成阴雨绵绵的天气，同时冷暖空气双方势均力敌，湿热条件差异大，经常出现严重的"顶牛"或"拉锯"现象，所以雨势猛烈，天降豪雨，引起洪汛。此时，正逢梅子黄熟的时候，故谓之"梅雨"或"黄梅天"。

梅雨期间主要天气特点是雨水多、日照少、湿度大、气温高，物品易发霉，又称为"霉雨"。根据梅雨季节的气候特点，农业生产要注意三防。

防涝抗洪。福建梅雨平均于5月上旬后期开始，6月下旬后期结束，此时，春大豆已是开花后期，趋于结荚盛期，如雨水太多，洼底积水，将会导致植株发黄，根部发黑，造成脱荚减产，故要及时开沟排水。如果遇上雨季强盛的年份，连续的暴雨，会造成洪涝灾害。因此，务必注意及时排水，加强田间管理，以及提前修整水利工程，加固堤岸、疏通沟渠等，以防洪涝灾害。

防病治虫。梅雨季节里，由于空气中相对湿度大，这时早稻正处于分蘖高峰，禾丛茁壮封行，田间通风不良，加上天气复杂多变，时晴时雨，利于病虫害的发生和繁衍。所以要及时和定期施喷农药，以防病虫害肆虐。

防御冷害。梅雨时节，还会可能出现一段阴雨低温天气，就是所谓的"小满寒"或叫"五月寒"。春末夏初，北方冷气团仍不时南侵，故老百姓有"没吃五月节粽，破袄不能放"的说法。此时，早稻进入孕穗期，若遇上寒潮侵袭，会导致空壳率增多，造成减产。在寒潮期间要视情况，及时增施磷钾肥，提高抗寒性，和浅水灌溉、"干干湿湿"的科学管水御寒保温等，以防"五月寒"的冷害。

此外，梅雨季节的天气条件，利于霉菌的繁殖和传播，所库、食品、药品、器材等要采取通风、吸湿和抢晴暴晒等措施，做好防霉工作。

《气象科技扶贫信息》

1987.3.25

水旱卜蛙声

古语有道："田家无五行，水旱卜蛙声"。说的是从青蛙的叫声中可预测未来雨水的多寡。元朝娄元礼撰著的《田家五行》中记载："三月初三听蛙声卜水旱"。意指从农历3月初听青蛙叫声情况，便可预报当年旱涝趋势。又谚云："田鸡（即青蛙）叫得哑，低田好稻把；田鸡叫得响，田内好牵浆。"指的是根据青蛙叫声高低预报早季雨水多少。可见，我们祖先很早就知道利用青蛙叫声来预测未来气候情况。

春暖花开后，每当夜幕降临，蛙声四起，鸣叫不息，和谐动听。

这时，如果发现青蛙叫声突然停止，一片宁静；或者只听到偶尔发出"咕咕、咕咕"的吃力叫声，声音由高而低、由亮转哑，则预示着有冷空气南下，未来天气会出现阴雨；或可能出现暗霜（霜冻）。俗语："青蛙不叫，晚霜来到。"就是指这种情况。夏季雷阵雨来临之前，青蛙会在陆地上或躲到岸边高处的洞穴中，发出如同连发的枪声"哒哒哒、哒哒哒"的叫声，常是叫一阵停一停，一阵比一阵声音来得小，而且声音由亮转哑，故农谚说："青蛙哑叫，大雨要到。"

金秋时节，如果观察到青蛙潜入田园低处的土穴里发出"咕、咕、咕"断断续续的吃力叫声，表示未来天气持续干旱，因为青蛙是靠肺和黏润皮肤的辅助作用共同进行呼吸的；由于天高气燥，青蛙皮肤上的黏液易被蒸发，所以它就会本能地栖身于荫凉处鸣叫。此外，秋天耕地时，如发现被耕翻起来的青蛙多，说明入土过冬离地面浅，预兆冬季雨水偏多；反之相反，则预兆冬季雨水偏少。

我们知道，青蛙是靠两腮鼓膜的胀缩来发出鸣叫声的，天气晴朗时，气压高、湿度小，鼓膜呈紧绷状态，发生的声音就较响亮，而且乐于鸣唱，显得鸣声如鼓，热闹非常；相反，当阴雨来临时，青蛙的鼓膜较松弛，发出的声音就低哑，而且也懒于鸣叫。所以说，根据青蛙叫声的情况来预报天气，是有一定科学道理的。

青蛙是著名的害虫天敌。据统计，每只青蛙一天能吃掉70多只害虫，一年可消灭15000多只害虫，人们常冠之以"丰收使者"、"庄稼卫士"的美称，那是当之无愧的。宋代词人辛弃疾作词道："稻花香里说丰年，听取蛙声一片。"告诉我们一个科学道理，即农业要丰收，青蛙当保护，生态要平衡。因此，我们切不可嘴馋，随便捕杀青蛙。要懂得爱护青蛙光荣，捕杀青蛙可耻。

《福建农业》

1988.5

漫谈暴雷雨对水稻的影响

暴雷雨，顾名思义，就是又大又急的雷阵雨。它的主要特征是：来势迅猛，范围小、强度大，闪电、鸣雷、暴雨同时发作，且往往伴有大风和冰雹，顷刻之间，温、压、湿等气象要素，都发生了明显的变化。

植物的生长发育，直接受外界环境条件的影响，而外界环境条件的变迁，又都与气象要素变化有关。所以，气象条件对于植物的生长发育是很重要的。试验表明，很多农作物的重要发育期，均与气象条件有着重要的关系。水稻生产中的幼穗分化、抽穗扬花期，对气象因子尤为敏感，如果在这一时期，遇上不利的天气，将会对水稻的产量产生明显的影响。众所周知，"倒春寒"、"秋寒"分别是影响早稻、晚稻生产的主要灾害性天气，然而，暴雷雨天气的出现，对水稻生产也会产生重要的影响、群众中流传的"水稻怕寒，怕风，也怕'雷公'"的说法，颇为形象地说明了这一自然现象。那么，暴雷雨对水稻有什么影响呢？

1. 暴雨、冰雹的危害。雷雨云是空气很不稳定的情况下发展起来的。由于强烈的对流和扰动，雨滴在云中大量积累并不断增大，一但上升气流减弱，雨滴就迅速下落，其降水特点是：雨时短、强度大，雨滴似瓢泼。据测定，一个半径约为5千米的雷暴云团，每分钟能倾泻8万多吨的雨水；当强烈气流上升很高时，云中的过冷却水滴与冰晶或雪片碰撞，并在0℃层反复升降翻滚，由此可能形成冰雹，伴随降落。大雨能引起洪涝，大风和冰雹可使禾丛倒伏，或给植物躯体造成机械损伤等，最终使水稻减产。

2. "雷暴寒"的威胁。雷阵雨时，空气随雨滴下降过程中所降低的温度，超过空气本身绝热增温所升高的温度，在雷暴区下部，因下沉蒸发而形成了冷气的堆积，产生"雷暴高压"或诱生"假冷锋"，这里暂且把它叫做"雷雨寒"。据观测表明，一次雷雨前后可降温 5～10℃，相当于"个性寒潮"。俗云："一雨便成秋。"这是不无科学道理的。由于气温急剧下降，气象要素突然变化，会导致空壳率增多或结实率与千粒重下降，从而影响了水稻的产量与质量。

3. 光、声、电的影响。雷暴云中的上下层，积聚着大量相反的电荷，如云体内部、云块与云块之间、云与地面之间的电场强度，超过一定限度（约为 3000 千伏 / 米）时，就会出现放电现象。雷电往往会击毁建筑物，击毙人畜，引起森林火灾和航空事故，这在古今中外都不乏其例。然而，雷暴带来的强大光、声、电，又会对水稻产生什么影响呢？

光。我们知道，植物是在白天进行光合作用的，昼夜不同的气象条件，方有利于储藏较多的光合产物，使其良好地生长发育。然而，闪电可产生长达 10 千米的巨型电气火花，炸雷在千分之几秒内，电压可达到 5×10^7 伏特以上，电流强度则可达 200000 安培。可谓"一道闪电能划破天空，把黑夜照得通明"。如果在夜间长时间地打闪，则会造成强烈的光辐射，有可能引起植物机体节律紊乱，使得运转失去平衡，胚胎细胞发育受阻，从而影响了开花期，导致结实率降低。

声。雷雨云在放电时的增温，使空气骤然膨胀，引起强烈的震动而发生巨响，在 10～40 千米内均可闻及，《汉书·息夫躬传》："边竞雷动，四野风起"。强大的声振不仅能使人"震耳欲聋"，同样对植物也有影响。据美国的一位学者对植物进行噪声声振试验，结果证明，如若噪声强度在 100 分贝以下时，植物的生长发育会受到严重的损害；当噪声达 100 分贝时，经过 10 天时间，可造成植物"死亡"。于是，一个有趣的问题出现了，这就是打雷时的强大声振（包括冲击波和次声波），是否又能对正在孕穗或抽穗扬花期的水稻胚胎发生刺激，而出现部分"畸形儿"，使空壳率增多？

电。雷暴放电后，会使大气层的负离子增多，二氧化碳浓度降低，植物的光合作用明显下降，从而使植物体内的积累减少。此外，雷电还可能对植物体细胞发生电击效应，等等。凡此种种，都妨碍了水稻正常的生长发育。

福建地处亚热带，暴雷雨出现机会较多。重视并加强暴雷雨对水稻生长发育的影响的试验研究工作，将有益于提高作物产量，促进农业生产的发展。

《福建农业》

1986.7

话说露珠

清晨，晶莹的露珠，宛若珍珠宝石，点缀在张张绿叶上，在晨曦的映衬下璀璨夺目。露是人们熟悉的一种水汽凝结现象，它和雨、雪、霜等一样，都是"同胞姐妹"，从水汽的"娘胎"里降临。在一定的温度下，空气中的水汽含量是有一定限度的，当温度降低时，空气内水汽的可能含量（其张力或数量）减少。在晴朗微风的夜晚，近地面层空气，因辐射放热冷却到了露点温度时（$0℃$以上），水汽便达到了饱和，如温度继续降低，就超过了饱和点，这时过剩的水汽在空气中便无容身之处，就在地面及近地面的物体上凝结成一颗颗小水珠——露珠。

露珠俗称露水，一年四季均可出现，但以夏末秋初为多。这时夜渐长，昼渐短，太阳对地球的照射，由直射逐渐变成了斜射；而原来南方的暖湿空气开始减弱，北方冷空气逐渐活跃增强，由此常出现晴朗微风天气，有利于地面辐射冷却和露水的形成，以露重而得名的"白露"节气，就在这一时期。所以，夏末秋初是多露季节，也有人称其是金风玉露的季节。露珠易在导热率较小的物体上产生，产生最多的地方是植物层表面。这是由于植物层和叶面的放热比其他物体多，冷却快，以及植物的剧烈蒸发使湿度增大，具有产生露水的有利条件。

露水与植物的生长息息相关。据观测资料表明，夜间的露水可形成 0.1～0.3 毫米深的水层，多的可达 1 毫米，相当于一次毛毛雨的过程。它能湿润植物叶茎；沾在叶面的露珠能减缓作物呼吸作用，减少养分消耗，使作物体内的水分得到补充，促进有机物的转化和输送，及时供给作物生长发育；又能使植物降温，避免或减轻冻害，或使受害的禾苗洗去毒污、枯萎的幼苗复苏生长。故俗语云："雨露滋润禾苗壮"。

露，在我们日常生产、生活实践中还有许多用途。例如，室内雅致的盆景花卉，夜间要端到露天"吃吃露水"，能够长绿不败，生长茂盛；农田除虫喷药，在日出前进行，由于露水的作用而使农药发挥了良好的防治效果；入冬加工地瓜干（米）时，要避免"回南天沉露"，以免影响质量；暑天夜晚不可露宿而眠，否则有损健康，等等。此外，露水还能预报天气：夏秋出现露水，表明大气比较稳定，预示未来天气晴好，故有"露水起晴天"之说；冬春出现露水，说明天气"回南"，将有新的冷空气南下，预兆天气转坏，谚语"春露不出三日雨"，就是这个意思。

露，人们赋予种种美称，诸如"甘露"、"宝露"、"银露"、"玉露"等。人们又常借它的佳名来作为商标或命名宫阙庙宇，有如防暑饮品甘露茶，清香美酒白玉露，滋补药品双宝露，健身补品银花露以及佛门庙宇甘露寺等。可见，露与人们已结下了不解之缘。

露，"覆露万民"。它用玉洁的躯体滋润着绿色的生命，用甜美的芳名美化了人间，给万物带来了盎然的生气。露，我要高声赞美它。

《福建农业》

1985.6

节气和阳历的关系

阴历（又称农历）的历法编制以朔望为主，兼顾季节时令。历月的长短依据天象而定，平均值大致等于朔望月，大月 30 天，小月 29 天。由于过去二十四节气长期和阴历配合使用，许多人认为节气是由阴历推算的，其实不然。节气是根据地球绕太阳公转一周的轨道位置决定的，二十四个节气，就是表示地球在公转轨道上，根据太阳直射在地球不同位置的气候变化情况，将地球绕太阳旋转的圆周三百六十度，划为二十四等分，每隔十五度划为一个节气，每节气间隔约十五天，每月两个节气，二十四个节气刚好合成一年时间。我们知道，地球自转一周是一天，公转一周是一年。所以，每年同一个节气在阳历上，都有一个相对固定的日期。下面的口诀，道出二十四个节气的大致日期：

阳日节气好推算，每月两节是一贯，上半年逢六、二十一，下半年逢八、二十三。即阳历上半年每月逢 6 日和 21 日；下半年每月逢 8 日和 23 日（前后相差最多一二天），就是节气日。

节气基本反映四季气候特征，如立春、春分、立夏、夏至、立秋、秋分、立冬、冬至等反映四季气候变换；小暑、大暑、处暑、小寒、大寒等反映冷暖程度；雨水、谷雨、白露、寒露、霜降、小雪、大雪等反映相关雨雪；惊蛰、清明、小满、芒种等反映物候现象。

《侨乡科普》
1985.6.6

夏季节气琐话

　　节气是我们的祖先在长期的生产、生活实践中，总结了一年的四季寒暑变化规律及其与农作物生长的关系制定的。它是根据地球绕太阳公转一周的轨道位置，以及地球自转轴和公转轨道斜交成的角度来划分的。地球绕太阳旋转的轨道面的圆周是 360°，每隔 15° 划为一个节气，每个节气相隔约 15 天，每个月有两个节气。其中夏季的 6 个节气的名称顺序如下：

　　1. 立夏。表示夏季开始，炎热的天气将要到来。每年 5 月 6 日前后，太阳到达黄经 45° 时开始。《月令七十二侯集解》记载道："夏，假也，物至此时皆假大也。"意思是说，立夏后气温升高，促使作物生长发育。此时，"夏光及第"，福建大部分地区的日平均气温升到 24℃以上，最高温度可达 33℃以上，夏意渐浓，植物蓬勃生长，欣欣向荣，田间管理日益繁忙，农谚"立夏三朝遍地锄。"反映的就是这一情况。

　　"立夏，雨水沙沙"、"立夏、小满，雨水相赶"。这时冷暖气流经常交汇在长江下游地区，梅雨季节即将开始，阴雨天气多见，降水明显增多，故有"立夏、立夏，天天要下"之说。

　　"吃立夏，洗犁耙。"到立夏，早稻已全部播完。而早播的已封行,并将进入幼穗分化期,稻株苗壮,根系发达,则不宜再行中耕除草,故有"立夏土不可摸"的说法。此时,农作物进入生长的重要时期,需要有充足的雨水滋润,和田水流湿。

2. **小满**。表示农作物欣欣向荣,长得丰满。每年5月21日前后,太阳到达黄经60°时开始。《月令七十二侯集解》记载道:"四月中(阴历),小满者,物至于此小得盈满。"意思是说,作物生长到这个时候,已茂盛饱满。从小满开始夏收作物籽粒饱满,但尚未完全成熟,故谓"小满"。这时北方的寒流已不活跃,侵入南方的机会甚少,或者冷空气一扫而过,气温复又上升,变化幅度不大,高温天气渐多,作物苗壮成长。"立夏发,小满孕。"小满节气,早稻处于分蘖高峰或幼穗分化的生育期,要施足肥料,争取穗大粒多、饱满。农谚:"早泼孕,晚泼穗"、"小满,满洋赶"。说明施肥和加强田管的急迫性和重要性。

"小满,江满河满"。小满节气,梅雨季开始,雨天居多,此时春大豆处于开花后期,趋于结荚盛期,有语道:"浸花莫浸荚,浸花收一半,浸荚全无看"。如果雨水太多,会造成植株发黄徒长,根部发黑,要及时排水。

3. **芒种**。"芒"指麦芒,"种"指播种;原表示收割麦类作物和播种稻谷。芒种在6月6日前后,这时太阳已移过黄经75°。《月令七十二侯集解》记载道:"五月节,谓有芒的种谷可稼种矣。"意思是说,麦类等有芒作物已经成熟,可收藏种子。这时我国北方正是夏收夏种的农忙季节,因此有人把芒种叫做"忙种"。

"芒种无干土"、"芒种、夏至,日日头生刺"。芒种一到,福建进入雨季的高峰期,雨水显著增多,气温明显升高,高湿、阴雨、闷热的天气经常出现,有时甚至大雨倾盆。要落实措施,做好防洪抗涝工作。

"芒种鸟,刘草埔"。这时早稻已届抽穗灌浆初期,是决定穗大粒饱的重要时期，应视苗情施好壮尾肥。但对株叶浓绿的肥田，为避免茎叶徒长，影响结实率，则要排水烤田，预防倒伏，农谚："芒种脚，好田要放干。"指的就是这一情况。

"芒种螟，少收成"，应注意防治病虫害。芒种节气又是插种早地瓜的黄金季节，农谚："芒种缝，早薯紧扦紧放"、"甘薯种在芒种北（指芒种内），薯块大过人头壳"，道出了这一真谛。要不失时机地插种早地瓜。

此外，农谚"芒种晴天，夏至有雨"、"芒种雨涟涟，夏至火烧天"等，说明芒种与夏至的天气有一定的关系。

4. **夏至。**表示炎热的夏天临至，反映季节转换的节令。每年6月22日前后，太阳到达黄经90°时开始。古书云："阳极之至，阴气始生。日北主，日长之至，日影短至，故曰夏至。"夏至时，太阳光直射北回归线，即北纬23.5°，当天北半球白昼最长，夜最短，正如谚语所云："长就长到夏至，短就短到冬至"。

"夏至下雨十八闹"。夏至是进入盛夏酷暑的过渡时期，大气环流将发生根本变化，这时雨季尚未了结，台风已开始活跃，气候尚不稳定；当海洋上暖湿气流向大陆推进时，常常出现"夏至多打雷，割稻穿棕蓑"的情景。到了夏至，早熟品种的早稻开始收割，农谚："夏至过十天，早谷可登场"就反映了这一客观情况。此时如遇台风袭击，要及时组织抢收，避免损失。

5. **小暑。**顾名思义，即小热之意，表示已进入暑天，炎热逼人，但还不是最热的时候，故称"小暑"。每年7月7日前后，当太阳到达黄经105°时开始。此时福建梅雨季节结束，开始转入高温少雨的天气，盛行东南季风。"三时已断黄梅雨，万里初来舶棹风"。北宋文学家苏东坡把东南风（即舶棹风）看做是送走梅雨，迎来干燥炎热的夏天季节的风，是有科学道理的。

"小暑小割，大暑大割。"进入小暑，早稻先后黄熟，开镰收割，双抢大忙季节即将全面展开。此时，南方暖湿气流强盛，有利于局部雷阵雨天气产生，况且又是台风多发期，要注意防涝抗台。

此外，小暑节气预测后期天气的谚语有"小暑凉，大暑热"、"小暑热得透，大暑凉得够"、"小暑热过头，秋天冷得早"、"小暑东风，一斗东风三斗雨"等等。

6. **大暑**。表示夏季最炎热的天气来临、古书云："大暑，乃炎热之极也。"每年 7 月 23 日前后，太阳到达黄经 120°时开始。大暑正值"三伏"之中，此时是地面从太阳获得热量积累到最多的时候，所以一年中极端最高气温多出现在大暑节气内。

"春争日，夏争时"。大暑节气是双抢的繁忙季节，此时气温高，稻子黄熟快，要及时收割完毕，俗语说："小暑起，大暑止"，"大暑不割禾，一天丢一箩"。大暑前后还要适时抢插晚稻，以避免晚稻花期遇到秋寒低温危害，争取丰收，故有"大暑早插秧，晚冬好收成"的说法。

大暑时节，台风活动频繁，当台风登陆时，风、雨、潮齐驱并袭，严重威胁人民生命财产安全，要特别警惕，做好防台抗台工作。夏季由于受单一的副热带高压控制，高温酷热常常出现干旱，因此还要做好抗旱和防暑降温工作。

《侨乡科技报》
1991.6

闲话惊蛰

惊蛰节气是二十四节气中唯一以动物活动而得名的一个节气。

每年 3 月 6 日前后，太阳到达黄经 340°时开始。《月令七十二候集解》记载道："二月节……万物出乎震，震为雷，故曰惊蛰，是蛰虫惊而出走矣。"冬眠称蛰，冬眠的昆虫谓蛰虫。惊蛰即是冬眠的昆虫苏醒来了。这时春意渐浓，气温渐升，春雷将鸣，蛰伏在地下的各种昆虫，开始解蛰而出。

昆虫的本能是和气候节律相一致的，昆虫在生长发育中所需要的热量无不受到外界环境温度的制约。实验研究告诉我们，昆虫需要的外界气温条件，以 22 ~ 37℃为最适宜。冬季，天寒地冻，草木凋零，五谷收藏，昆虫一者无法适应外界的气候条件，二者也很难寻觅食物，于是就蛰伏起来，可以不食也不动地睡几个月，这也是昆虫的遗传性所决定的昆虫蛰居地中的习性。

惊蛰前后，大地回春，草木萌动，南雁北飞，温度逐渐回升到可以满足昆虫发育的起点温度（8 ~ 15℃），同时昆虫的食物也随之增多，外界的环境能够适应昆虫的生长发育条件，昆虫因而复苏出土活动。

惊蛰节气，随着太阳位置北移，日射增强，近地面气温虽然日渐回升，但福建的气候仍受北方冷空气控制，气温还比较低，一般尚不会出现打雷现象。如果产生打雷，说明南方暖湿空气势力强，活动早，这样冷暖空气交汇的机会见多，阴雨天气的持续时间也长，故农谚云："雷打惊蛰口，阴雨四十九"（也叫"惊蛰前打雷，四十九天乌"），这是有科学道理的。暖湿气流来自于热带海面上，它的特点是温度高、湿度大，所以容易产生雷雨天气，引起较大的降水，在一定条件下还会造成雹害。惊蛰地气通，谚语云："惊蛰一犁土，春分地气通。"我们要进行全面的春耕和大量的农事活动，故农谚说"过了惊蛰节，春耕不停歇"。因此，要特别注意收听天气预报，抓住"冷尾暖头"及时播种，趋利避害，不误农时，为一年中的农业丰收，拉开序幕。

惊蛰还提醒我们，在我国多数昆虫都将解蛰出土活动，因此，要及早防治危害庄稼的害虫，同时还要抓紧消灭越冬后的第一代苍蝇，为夺取两个文明建设的新胜利而努力。

《侨乡科普》

1986.3.6

漫话"清明"

清明是二十四节气之一，每年4月5日前后，太阳到达黄经15°时开始。《月令七十二侯集解》记载道："三月节……物至此时，皆以洁齐而清明矣。"常言道："清明断雪，谷雨断霜。"此时春暖大地，万物繁生。

本节气开始，我国南方大部分地区的日平均气温一般都在12℃以上，气候温暖，有利于各种作物茁壮成长，是农业生产上的繁忙季节。清明时节气温提高，麦子成熟快，农谚说："有十日清明，无十日春麦。"所以应在麦子腊熟时，就要见晴适时抢收，若遇阴雨天气，则要及时清沟排水，以免"清明雨，麦子烂破肚"，确保麦子的好收成。"清明谷雨两相连，浸种耕田莫迟延。"如果季节延迟，秧龄拉长，缩短了本田营养的生长期，影响千粒重，又无法避过"五月寒"，终而造成减产。闽南地区早稻应力争在清明或谷雨节气插播完成，切不可贻误农时。

我们知道，自春分始，北半球昼渐长于夜，地面获得太阳的辐射热量与日俱增，南方暖空气势力逐步增强活跃，而北方冷空气相应减弱，但仍有一定的强度，冷暖空气活动都很频繁，常形成拉锯现象，多在江淮一带上空交绥，南北摆动，所以往往出现"清明时节雨纷纷"的低温阴雨天气；在本节气中，还由于高空气温达到 0℃ 的高度已升到 4000 米左右，空气上下层温差加大，风速差异也较大，垂直对流运动增强，当有冷空气南侵时，常会出现冰雹、暴雷雨、海雾和大风等异常天气，必须引起重视，注意防范。

此外，由于冷暖空气不断交绥，气候乍暖乍寒，而人们捂了一冬的寒衣，人体的代谢功能较弱，风寒易侵入机体，导致流感等呼吸道传染病发生，故应注意衣着适当，有语道："数九已尽迎来春满园，气候多变尚须捂春三"。并积极开展体育锻炼，搞好卫生保健，以利身体健康。

《福建科技报》
1994.4.8

闲话"冬至"

《月令七十二候集解》记载道："十一月中，终藏之气，至此而极也。"这天阳光几乎直射南回归线，北半球昼最短，夜最长。

"冬节爱吃一碗圆仔汤，睡来睡去天不光"。这句俚谚形容冬至冥长之极。冬至这天，太阳光直射在南回归线上（即南纬 23.5°），是一年中白昼最短、黑夜最长的一天，这种情况越往北越明显，如泉州从日出到日没是 10 小时 32 分（比夏至的白天少了 3 个多小时），到了北京就只有 9 小时 04 分。冬至过后，太阳直射点开始朝向北移，北半球的黑夜逐日缩短，白天逐日增长，故有"吃了冬至饭，一天长一线"的说法。

冬至这天日最短，夜最长，也就是说一年中地面吸收的热量最少，照此说来，冬至应是全年中最冷的日子，但事实上一年中最冷的时候，不是出现在冬至，而是出现在冬至后的"三九"天里。这是因为冬至虽是白天最短，吸收太阳辐最少，但地面上存有长期积累下来的热量，能继续散发，而冬至后，虽然昼渐长，夜渐短，但原来积存的热量即消耗已尽，每天吸收的热量抵偿不了散失的热量，气温就继续缓慢下降，到了"三九"前后，地面上保存下来的热量极少了，气温达到了最低。因此，冬至过后进入"数九寒天"的气候，农谚"冷在三九"也就是这个道理。

冬至，这个节气福建绝大部分地区的日平均气温在12℃以下，极端最低气温可降到零摄氏度以下，主要的灾害性天气是寒潮和低温霜冻。当北方强寒潮暴发袭击本地时，会给越冬的农作物、果树和牲畜造成危害，因此，要注意严重冻害的防范。"方涉冬节，农事间隙"。虽是农闲时节，仍要搞好水利工程和备耕工作。

冬至又是我国人民的传统习俗节日，自古以来，人们就十分重视"冬至"民俗，因此有"冬至过小年"的说法。俗语："冬节哪能不搓圆"。台湾和闽南一带人们过冬节，家家户户搓冬节圆，捏"鸡、狗、鸭、寿桃桔仔、铅宝锭"等习俗，希冀兴旺吉祥，共庆亲人团圆之乐。

《侨乡科技报》

1986.12.22

气象与健康

Qixiang yu jiankang

三

春雨霏霏话风湿

　　风湿中医指风邪挟湿。春天，患有风湿关节炎或风湿性心脏病的人，日子是很不好过的。前者出现关节酸痛、乏力，甚至红肿、灼热、活动障碍，痛苦煎熬，吃药、贴膏药、打封闭，不知所措；后者引起心跳加速、胸闷、气促、心前区翳痛和全身疲乏，求医急诊，严重影响其身体健康，所以人们还把春季叫做"风湿季节"，也可以说是"多事之春"。

　　俗语："春天鸭母脸"。天气时晴时雨，乍寒乍暖，忽风忽静，气候以冷湿为主，这就为广泛分布于自然界中的链球菌提供了活跃的气候条件。而风湿的发作与A族溶血性链球菌中的某些特型菌株有关。特别是阳春时的天气很不稳定，虽已回暖，但寒意还在，况且人们经过一冬的捂衣，代谢功能较弱，体温调节不能适应于天气的突然变化，加上冬季人体的汗腺闭合，春季逐渐开泄，倘若不注意捂衣保暖，很容易让春寒侵入而着凉，细菌便可乘机入侵机体，引起上呼吸道感染，如咽喉炎、扁桃体炎，从而诱发机体的变态反应而发生风湿病。

　　风湿热主要累及关节和心脏。前者的特征为游走性，主要侵犯肩、肘、腕、膝、髋等大关节；后者累及心肌、心内膜、心包，称为风湿性全心炎，反复发作会酿成慢性风湿性心脏病。

　　预防风湿热的关键主要是避免潮湿寒冷并注意预防上呼吸道链球菌感染，如咽喉炎、扁桃体炎等。因此，要注意搞好环境卫生，保持居室内的空气流通，要根据天气情况及时启闭窗户，一旦天气转晴还要把衣物搬出室外暴晒，防止细菌生长；要注意加强身体锻炼，提高自身的抗病能力；要注意防寒防湿，避免着凉，记住春暖尚须防春寒，正如谚语所说："春捂秋冻不生杂病"、"凉九暖三，注意衣衫"，值得记取。特别是发生咽喉炎或扁桃体炎时，要及时问医求诊进行治疗，以避免风湿病发作。

《厦门日报》

1990.4.5

气候与"流脑"

流行性脑脊髓膜炎（简称"流脑"）是由脑膜双球菌引起的一种急性传染病，病菌始自鼻咽部侵入血液，形成短暂的菌血症，后则局限于脑膜，暴发脑膜炎。本病冬末春初流行，以春季（2～4月）发病率最高，约占全年发病率的 80% 以上，可见，气候条件与"流脑"关系密切。

"流脑"为何主要集中发生在春季呢？现代医疗气象学认为，气象变化会影响人体的生理功能，气候变化会诱发疾病。冬末春初北方冷空气颇为活跃，寒潮南侵频繁。冷空气会使呼吸道局部温度降低、毛细血管收缩、血液减少。由于黏膜上皮的纤毛活动受刺激而减弱，使呼吸道排除细菌的功能减弱，病菌可乘虚而入；而鼻腔局部的血管收缩，导致鼻腔分泌的免疫球蛋白减少，加上北方空气干燥，鼻黏膜容易发生细小的皲裂，这都给"流脑"病菌的入侵提供了有利条件。另者，冬去春来，人体的血清蛋白、血红蛋白和二氧化碳合力逐渐降低，加上人们寒衣捂了一冬，代谢功能较弱，对春季乍冷乍热的天气突变，不能迅速地调节体温。同时入春后，人体的汗腺逐渐开泄，春寒易侵入肌体，也是间接诱发"流脑"的原因之一。

另外，根据医学对脑膜双球菌低温存活率的实验观察表明："流脑"病菌在本质上是相对耐寒而不耐热的。此时病菌经过寒冬的锻炼后，更加有活力，显得更为活跃。所以春季是"流脑"发病流行季节。"流脑"为冬春常见的急性传染病，它发病急、传播快、流行广、病情重，严重危害人体健康，甚至危及生命，这一常识已被人们所认识。所以，时值早春时节，要切实做好"流脑"的预防工作，万万不能大意。

《泉州晚报》
1986.3.26

天气、情绪与健康

"天昏昏兮郁郁"。天气与人的情绪有着密切的关系。风和日丽，人就精神抖擞；阴霾密布，则忧郁烦闷。这是为什么呢？

据科学家研究，人体中的松果腺（脑上腺）在强烈的阳光下，分泌的松果激素较少，而甲状腺素、肾上腺素的浓度就较高；阴雨天，分泌的松果激素则较多，甲状腺素、肾上腺素的浓度就相对降低。甲状腺素和肾上腺素有促进细胞代谢增加氧消耗、刺激组织生长成熟和分化的功能。所以，晴好天气细胞活跃，使人精神抖擞，心情舒畅；阴雨天气人就无精打采，烦闷不悦。

情绪又和人体健康息息相关。巴甫洛夫认为，情绪与本能近似，与大脑皮层下组织相联系。恶劣的情绪，特别是不断出现的恶劣情绪，对人体有不良的影响。春秋战国时有"伍员过昭关一夜须发白"

的故事，很能说明情绪对健康的影响。医学实验表明，人在痛苦和愤怒时，由于外周动脉阻力增加，舒张压明显增高，在恐惧时心脏血液循环输出量增加而收缩压增高，会导致心脏病发作。如果一个人终日闷闷不乐、垂头丧气，会引起上腹不适、泛酸、嗳气、食欲减退、体重下降；紧张的情绪会影响人体的抵抗能力，容易患病。长期情绪压抑、过度忧伤、恐惧，还可能导致精神疾病。据有关的学者论证，在紧张状态下，激素会损伤胸腺和淋巴两大免疫系统的中心，使人易患流感、溃疡乃至癌症等疾病。相反，心情舒畅，情绪乐观，不但可以防止内在致病因素的刺激，而且还可以增强人的抗病能力，避免和减少外界致病因素的侵袭。笑口常开，青春常在；知足常乐，乐观向上，才有利于身体健康。

《福建日报》

1989.4.15

气象与冬季疾病

季节、天气和气象变化直接影响着人体健康，与许多疾病的发生和流行有着密切的关系。

日月嬗递，秋去冬来。冬天，太阳光直射南半球，北半球昼短夜长，地面热量大量向空中散发，地面层热量入不敷出，而北方冷空气又频频南下，温、压、湿等气象要素发生变化，气候由凉转寒，对机体产生明显的影响，使植物神经系统失去平衡；寒冷的刺激使人体交感神经兴奋，毛细血管收缩，血液循环阻力增加，血压增高，心肌梗塞的发生增多，故心血管和脑血管病是冬季除传染病以外的具有显著季节性特征的疾病。

由于寒冷使黏膜上皮的纤毛活动减慢，降低了呼吸道的抵抗力，病毒与细菌易于入侵，因而冬季最容易发生气管炎、支气管哮喘和肺炎等呼吸道疾病。呼吸系统与外界相通，上呼吸道具有防御功能，大于 5 微米的粒子一般可粘在呼吸道壁的分泌黏液物上，借纤毛活动排出；进入细支气管和肺泡的细菌，也会被固定或游离的吞噬细胞消灭。但冬季人体遭受寒冷使自身抵抗力降低，呼吸道的保护功能减弱，细菌或其他有害因子便可趁机侵入，容易患病。寒冷也会使得胃酸分泌过多，导致胃痉挛性收缩和胃自身缺血，加重消化道溃疡；寒冷还会使关节炎患者病变组织中细胞内的液体潴留，细胞压力增大，加重病情等。

冬季应加强体育锻炼，以增强体质；要注意卫生，生活规律化，劳逸结合，不吸烟、不酗酒，参加有益的文娱活动，使生活丰富多彩，以抵御疾病发生，保护身心健康！

《福建科技报》

1989.12.22

冬令话护肤

冬天，由于气候寒冷、干燥，人体的皮肤腺分泌的油脂较少，人的皮肤变得粗糙，容易产生皲裂。

为了预防皮肤干燥和裂痕，冬令时节应注意保温，尤其是手脚的保暖防护，同时应该注意以下几点：一、不要用碱性重的肥皂擦身、洗脸、洗手脚。每次洗后要及时用干软的毛巾擦干，并抹涂些油脂，如甘油或其他润肤剂、润肤膏，以润滑皮肤。二、凉水洗脸和手脚，可使血管弹性增强，皮肤血液循环得以改善，增强皮肤抵抗力，但冬季天气寒冷，冷水会使皮肤干燥，产生脱屑或冻伤，热水又会使皮肤松弛，产生皱纹，所以应以温水为宜。三、维生素 A 和维生素 C 有保护皮肤，防治皱裂的作用，因此，冬天要多食些胡萝卜、白菜、菠菜和柑橘、柚子、香蕉等含维生素 A 和维生素 B 较多的蔬菜和水果，以及食用各种动物的肝脏、肾脏和鱼肝油、鲜奶、鸡蛋等，摄取必需的营养，皮肤就会红润、柔韧、健美。

此外，应不吸烟、少饮酒、少吃刺激性食物，以避免对皮肤感觉的伤害；积极参加体育锻炼，也能使皮肤健美。

《泉州晚报》
1986.11.26

"疰夏"及其预防

夏令时节，有些人会出现微热食少、胸闷不适、心烦自汗、身倦肢软、疲乏嗜睡、渐见消瘦等现象。求医问诊却查不出其病理变化，而秋凉之后，症状可自然消失。这就是中医学上所谓的"疰夏"病或叫"夏痿"、"苦夏"等，在中医学中称作"暑湿内阻"。可见，"疰夏"与气候有关。由于夏天气温高，肌体为了保持恒温，体表的毛细管扩张，血液大量集中到皮肤，而供给人体内各器官，特别是大脑的供血相对减少，加上汗腺开泄，引起水盐代谢紊乱，以及夏天睡眠时间偏少等，容易造成头晕、目眩、精神不振等症状。

"疰夏"并非致命之病，但亦不可小视。因为食欲不佳，造成营养不良，消瘦体弱，有损健康。"疰夏"乃体弱气虚、暑热伤气所致，故治疗时宜调养气阴，消除暑湿。在饮食方面，应少吃油腻和煎炸的食物，减少胃肠负担，多吃苦瓜、蔬菜、豆腐等，以清淡素净，增进食欲。

防治"疰夏"，中医认为，可用焦大麦、藿香、佩兰、薄荷、鱼腥草等煮（泡）汤代茶，或服饮绿豆汤、银花露等，可健脾化湿、清暑解渴，效果甚佳。对于体热多汗者，据中医医生介绍，可用北沙参12克、麦冬10克、知母6克、银柴胡10克、石斛6克、地骨皮6克、甘草3克煎服，有一定疗效。此外，调剂好饮食，注意作息时间和加强适应的体育锻炼，是预防疰夏的最好选择。

《泉州晚报》

1988.8.31

阳光与肤色

有的人皮肤颜色黑些，有的人白些。为什么人的肤色有深浅之别呢？人体皮肤的深层有一部分黑色素细胞，它能产生酪氨酸，而酪氨酸又可变成黑色素，黑色素含量的多少决定着皮肤颜色的深浅。

众所周知，经常晒太阳的人，会使皮肤变黑，这又是为什么呢？因为太阳光中的紫外线能加速酪氨酸变成黑色素，也就是说，常受日光照射能使皮肤的黑色素增加，所以皮肤就变得黑些。有趣的是，肤色较深的人，黑色素细胞和黑色素的生成比较旺盛，也比较活跃，因而，皮肤颜色比较黑的人，在阳光下更容易晒黑。

太阳光还能影响人体身高发育。日光中的紫外线能使人体皮肤里的脱氢胆固醇变成维生素 D。维生素 D 亦称"抗佝偻病维生素"，主要有维生素 D_2、维生素 D_5，维生素 D_5 则由紫外线 7—脱氢胆固醇所得，故多晒太阳是人体获得维生素 D 的最简易、便捷的方法。维生素 D 有促进肠内钙、磷吸收的功能，是骨骼吸收和富集钙的前提，从而具有促进骨骼钙化和长粗、长高，使骨骼发育健壮、结实的作用，缺乏维生素 D 时，引起钙磷代谢障碍，儿童易患佝偻病，成人易患软化病。适量的紫外线照射，还可以提高机体的造血功能，防止贫血。此外，紫外线对细菌有很强的杀伤作用，可以增强人体的抵抗能力。因此，适当地多晒太阳光，适当合理的"阳光浴"，有利于身高发育和健康。

《泉州晚报》
1988.8.3

环境与保护 四

Huanjing yu baohu

飘忽迷蒙话尘害

近百年来，由于人口和工矿企业的日益扩展，人为灰尘与日俱增，严重地污染了空气，混浊了天空，玷污了水源，破坏了大自然的清秀环境。

灰尘无孔不入，到处飘降，防不胜防，不仅影响电子工业、钟表工业和精密仪表的制造等，还直接危害人类健康和生命安全。据医学研究，尘埃中含有多种无机物和有机物，如石英、石棉等矿物质，铅、镉、铬等金属物质和多环芳烃等碳氢化合物等。其中铅、汞、锰、铊能引起精神系统障碍；锌、铜、锑、银、镁、镉能引起中毒；汞、铀、铅会引起肾脏障碍；铅化物、砷化物可造成血液系统障碍；镍、铬、砷还会导致癌症。因此，我们要加强防治尘灰的工作，特别是对处于严重尘害环境的人员，务必加强防护措施。

植树造林，裸地种草是防治灰尘的有效措施，树林草木能滞留和吸附空气中的大量灰尘。据测定，1亩树林每天可吸收68千克二氧化碳，1个月可吸收有毒气体二氧化硫4千克，1年可吸附各种灰尘22～50吨，树木草地上空的含尘量仅为裸地上空含尘量的20%～30%。我们要用自己的智慧和双手"澄清万里埃"，使清新的空气永驻人间，为人类创造舒适的环境。

《福建科技报》

1990.11.30

地球大气的黄牌警告

　　黄牌警告之一："臭氧洞"的忧患。

　　20 世纪 70 年代中期，南极上空出现"臭氧洞"，范围逐年扩大，到 1985 年相当于美国国土的总面积（936.3 万平方千米）。

　　地球上臭氧集中在离地面 25 千米的高空中，俨如一道天然屏障，能吸收掉太阳辐射到地面的紫外线的 99%，还能保持地球热量，使大气层温度保持恒定，使地球上一切生物免遭伤害。如果臭氧每减少 1%，皮肤癌的发病率会增加 5% ～ 7%，患白内障而致失明者也会增多，而人体免疫力也将直接受损。此外，农作物、水生生物也会遭到伤害。

　　臭氧层受破坏的原因，不能排除人为因素，因近代工业的发展，在电冰箱、空调机、灭火器、泡沫塑料、洗涤剂和电子工业生产过程中，广泛使用氟利昂试剂，把大量的氟氯烃排放到大气中，在紫外光作用下光解产生的氯原子，迅速与臭氧反应，造成对大气臭氧的破坏。

　　黄牌警告二：地球增温的患难。

　　由于现代化工业的发展，加上人口激增和矿物能源的大量消耗，大气中二氧化碳、氧氮化合物、甲烷等含量与日俱增。二氧化碳使太阳光不受干扰照射到地面，但地面的热辐射不易逸散，使地球不断增温变暖，将给地球本身与生物带来难以预料的恶果。

　　地球大气发出一道道黄牌警告，科学家忧心如焚地呼吁，要采取紧急措施，控制煤和石油的用量，积极控制人口增长速度，大力植树造林，只有"前人种树"，才有"后人乘凉"，善待地球，才能和谐发展。

《泉州晚报》
1990.10.16

漫话大气污染及其防治

大气是人类赖于生存不可或缺的必需条件，人们与它的关系犹如鱼水相关。空气是生命之源，一个人只要断绝空气5分钟，就会招致"呜呼哀哉"。可见，空气对于我们是何等之重要。

近代，以煤、石油为主要能源的工业蓬勃发展，从油、煤电站烟囱释出的"黑龙"，从冶炼厂烟囱排放出的"黄龙"，从汽车屁股放出的"灰龙"，以及从其他生产、生活活动中散发出的各种"污染"物等，把大量的有毒、有害气体排放到大气中去，使大气遭受严重污染。报载，以20世纪70年代初期为例，因工业交通活动全世界平均每年向大气排放煤粉1亿多吨，一氧化碳2.2亿吨，氮氧化物0.5亿吨，有机污染物0.92亿吨，尘埃2千多万吨。我国废气排放量为7万亿立方米，每年因大气污染造成的经济损失逾200多亿元，是世界上污染排放量较多的国家之一。

我们知道，一个人每分钟要呼吸16~18次，每次吸入和呼出气体约各为500毫升，一昼夜需呼吸20多万次，呼吸空气达15~20立方米，相当于食物量的10倍（约14千克），因为吸收的空气量大，污染物的吸入量也大，又因呼吸道的润湿作用，污染物易被溶解吸收，可引起慢性病变，使某些疾病的发病率和死亡率增高并造成急性致病，中毒死亡；特别是煤炭和石油的不完全燃烧所产生的苯并芘，是引起肺癌的重要因素，严重的污染事件使人类惨遭其害。如1930年12月，比利时缪斯河谷地区，工厂排放的一氧化碳、二氧化硫、氟化物等，使数百人中毒，60多人死亡；1948年10月，美国多诺拉地区，因二氧化硫和金属粉尘的积聚，造成6000多人患病，20人死亡；1952年12月，英国伦敦因大气污染造成成千上万的人罹患呼吸道疾病，四天之内 4000 人死亡；1962 年 12 月，发生烟雾事件，死亡者达 700 多人；1972 年也因粉尘和二氧化硫弥漫不散，造成 500 多人发生支气管病变，10 多人死亡，诸如上述事例不乏列举。1974 年以来，我国兰州西固地区也常发生"雾茫茫、眼难睁、泪自流"的光化学烟雾事件。由此可见，不能不令人"谈污色变"呀！

为了保护人类赖以生存的自然环境，必须采取预防措施，控制和消除大气污染，做好大气污染的防治。首先，要认真贯彻实施环保法规，严格排放标准，改善燃烧方法，研制并采用排放除尘、除硫等净化装置，限制、减少污染源，最大限度地减少污染物的排放量；其次，加强对大气的监测，掌握污染物输送扩散规律，摸清大气"消化"污染物能力，根据气象观测预报，运用《污染气象学》原理，科学安排排放时间和排放量，发挥大气自净作用；第三，合理布局或调整城镇建筑，避免污染事件的发生；第四，加大绿化造林力度，利用树木对污染物的吸收和消除作用，达到净化空气的目的。不但积极地从微观上采取防治措施，而且要从宏观根治上努力，综合治理，保护环境，造福人类。

《侨乡科技报》

1989.8.7

噪声污染及防治

震耳欲聋。物理环境污染中，最令人厌恶的就是噪声污染。工地上机器隆隆的叫，马路上汽车喇叭嘟嘟乱鸣……汇成一支浩浩荡荡的噪声大军，不休止地进行"噪声大合唱"，闹得人们不得安宁，影响休息，危害了健康。长期生活在噪声环境下，人的寿命将要缩短 10%。强噪声会打乱大脑皮层兴奋与抑制的平衡，影响神经系统、消化系统的机能，引起神经衰弱、头痛、头晕、失眠等多种疾病。突忽而来的高分贝强声，大有让人"吓一跳"、"吓坏"、"吓死人"之祸，可见其害焉甚！

防治噪声的危害，应引起人们的足够重视。一门新兴学科——环境物理学正在形成，并日臻成熟，控制噪声污染已取得了成效，诸如以无声焊接代替高噪声焊接；用无声液压代替高噪声捶打，用低噪声的风机代替高噪声风机；以及采用无声钢材代替有声钢材等等。

防治噪声污染，可以采取如下措施：(1) 吸声，采用矿渣棉、超细玻璃棉、泡沫塑料、甘蔗板等吸声材料，装置吸声设备；(2) 消声，采用既允许空气流通，又能减弱声传播的消声器，把它安装在鼓风机、通风机、内燃机等空气动力机械的进风、排风系统上，以降低噪声；(3) 隔声，采用隔声间、隔声罩、隔声屏等，把发声的物体和需要安静的场所加以封闭；(4) 隔震，隔震与隔声道理雷同，可采用弹簧、橡皮、软木、玻璃纤维等，把振动源和基础隔开，使振动不能传递；(5) 阻尼降噪，把阻尼材料涂在辐射体的表面，以增加声能消耗，使振幅变小而降低噪音；(6) 个人防护，用防声耳塞、防声棉、耳罩、头盔等个人防噪声办法；(7) 建筑合理布局，合理地配置声源，把高噪声机器、车间和民房分开，工厂区和生活区分开，把影响面宽的强噪声设备，设置在较偏僻的地方，使噪声自然减弱；(8) 控制交通噪声，使用低音汽车喇叭，尽量降低噪声度；(9) 植树造林，植树造林不仅美化环境，创造经济效益，而且是防治环境污染的最好措施。树木具有吸声、隔声、消声、隔震等多种功能。

防治噪声污染，搞好环境保护，创造良好的工作、学习、生活环境是人们的共同愿望。

《侨乡科技报》
1989.5.21

"暖房效应"与气候

暖房效应又叫温室效应，是透射阳光的密闭空间由于与外界缺乏乱流等的交换而产生的保温效应。如塑料薄膜育苗、玻璃窗苗床等，就是借鉴、利用这一效应。这里说的是地球"暖房效应"现象。

大气中的二氧化碳，对来自地面的热辐射起着吸收和再放出的作用，亦具有阻止地面热量逸失的作用，这种作用会形成"暖房效应"。有人推算，如果大气中二氧化碳增多一倍的话，全球气温平均将会提高 3 ~ 5℃。由于现代工业的发展，大气中二氧化碳的含量与日俱增。过去十年，人类燃烧并排放到大气中的二氧化碳，每年约增加 0.2%，如果按此增长率发展，进入 21 世纪时，全球的气温会较现在升高 0.5℃，将会使全球气候发生明显变化。

据载，美国科学家詹姆斯汉森认为，气候变暖的原因，还与大气中的氟氯化碳、甲烷和一氧化二氮有关。据他估算，一个分子的甲烷和氟氯化碳的"暖房增温"，分别比二氧化碳效果强 300 多倍和 20000 倍。再者，一氧化碳对地球增温扮演"第三者"的角色。大气中有一种称为烃基的分子，它能清除并转化甲烷和一氧化碳。由于近数十年来大量的一氧化碳逸进大气中，影响甲烷的清除和转化，使之大气中的甲烷含量相对地有增无减，因此它的吸热能力加强，而"暖房效应"也有所加强。

科学家通过越来越多的证据证实，当今"暖房效应"的作用已经（或正在）发生。据有关海洋检潮站的记录资料表明，在过去一百年中，海平面升高了 10 厘米多，这可能就是因为人类和动物排放到大气中的大量二氧化碳和上述这些气体，所起到的"暖房效应"，使近百年来全球平均气温略有提高，从而导致海水热膨胀和冰雪溶化引起的结果，并直接影响了气候变化。

《侨乡科技报》
1987.6.6

植物是环境污染的"侦察兵"

植物的生长发育受环境条件的制约，环境的污染能使植物体内的激素含量发生改变，引起生理紊乱，造成物候现象的变化及出现异常变态。因此可从物候变化、植物受污害的情况，对环境污染进行监测。

据有关人员观察测试：植物受二氧化硫危害时，先是叶片出现白色"烟斑"，之后逐渐枯黄并提前落叶。比较敏感的有丁香、玉兰和果树中的李、桃、葡萄等。落叶松、棉花、紫茵也是监测二氧化硫的"侦察兵"，落叶松稍有受害便纷纷落叶；紫茵的叶片上会出现灰白色的斑点。空气中的二氧化硫对人体健康影响很大，但是浓度在 8ppm[①] 以下时，人不能感觉到，而植物的花在其浓度达到 1.2ppm 时就会有敏感反应，叶片下部开始发白。

雪松是氟气的"侦察兵"，当针叶出现枯黄时，就是向人们发出警告：这里已受氟污染。能侦查氟化物污染的还有水仙、菖蒲、刺槐、白蜡树和果树中的杏、李、桃、香葡萄等。当氟化物浓度到 0.5ppm 以上时，几小时后绿叶部分便会出现受害症状。

光化学烟雾中的二氧化氮、臭氧和过氧酰基硝基盐造成污染时，植物都会及时发出"报告"，前者叶表出现斑点或漂白区；后者植

---

① ppm 浓度单位，毫克／千克，下同。

物叶片的背面出现古铜色、银白色透明状，其中烟草是监测光化学烟雾的"合格侦察兵"，特别是对臭氧的污染，反应最敏捷。

植物叶片出现脱绿斑点或变成浅黄色、灰白色、发生漂白状、透明状，则是说明"侦察"到氯气污染。另外，生活在水中的凤眼莲，如果叶片出现斑点、斑块，发黄卷曲，那是向人们出示黄牌：注意，水中有剧毒的砷含量已达 0.6ppm。在生产和生活中，我们要借助植物侦察和污染监测，切实做好环保工作，造福人类。

《泉州晚报》
1990.3.6

甲烷使地球气候变暖

甲烷为最简单的有机化合物，是天然气、沼气、坑气及煤气等的主要成分之一，在自然界分布很广。

近年来科学家提出了甲烷使地球气候变暖的新观点，并通过对极地冰层取样分析，发现了自 1915 年起，大气中甲烷浓度的增长速度加快，证明了甲烷使大气增温的理论。据估计，目前大气中甲烷含量的总重量有 6 亿吨之多，比 300 年前多一倍以上。

大气中甲烷的浓度虽然只有 0.00015ppm，但它的吸热能力令人咋舌。美国科学家詹姆斯汉森估算，如果用一个分子来进行比较的话，甲烷的"温室增温"（对地面起保温作用）效果比二氧化碳强 300 多倍。据计算，过去四个世纪中，由于甲烷含量增加使气温升高 0.25℃，相当于因二氧化碳增加而引起的升温效果的五分之二。可见，甲烷对地球变暖的影响毋庸置疑，不可小觑。

大气中的甲烷主要是由沼泽、水田、热带降雨林及家畜肠道和白蚁体内的厌氧性细菌所制造的。至于进入 20 世纪以来，甲烷浓度激增的原因，有的科学家认为主要是白蚁造成的，由于近代森林面积大量被采伐，致使白蚁大量繁衍，而白蚁可把食物中的碳转化为甲烷。据推算，由于白蚁增加而增多的甲烷，占目前甲烷增长量的 10%。然而甲烷的增多显然与人类的影响有直接关系，特别是 20 世纪以来，大量使用化石燃料，在燃烧过程中放出大量二氧化碳的同时，还产生一定数量的一氧化碳，它进入大气后，极易与大气中的氢氧根发生化学反应生成甲烷，而且又影响甲烷的清除和转化，结果使大气中的甲烷只增难减。诚然，甲烷的增多仍源于环境污染，这又一次向人类亮出"黄牌"，提醒人们要做好防治大气污染，注意生态平衡，爱惜和保护人类赖以生存的大气层。

《侨乡科技报》

1987.12.7

空中恶神——酸雨

"酸雨"顾名思义，即酸性的雨水，是大气污染造成的异常降水现象。正常情况下，天然降水中，因大气中的二氧化碳可部分溶解于雨水中，呈弱酸性，其 pH 值为 5.6，如果降水（包括雾和雪）的 pH 值小于 5.6 时，就是酸性降水，则称"酸雨"。

酸雨是由于空气遭受严重污染，雨滴下降过程被一系列的化学过程所酸化的结果，是工业大规模发展的"副产物"。随着近代工业的发展，以煤和石油为主要能源产生的大量有害气体，诸如由油、煤电站排出的"黑龙",冶炼厂排出的"黄龙",汽车排放的"灰龙",以及其他生产生活活动排放的"污龙"等,都含有大量的二氧化硫、硫化物和氮氧化物。这些气体释放入大气后,与空气中的氧和水汽化合,转变成酸性较强的硫酸、亚硫酸、硝酸和亚硝酸,它们同雨水一起降落到地面,形成酸雨。酸雨降落后,其中的亚硫酸和亚硝酸,又被氧化成硫酸和硝酸,给人类造成严重的危害和威胁。

1. **酸化土壤,损坏农作物和森林**。酸雨降到农作物或树木的叶面上,可直接进入植物体内,危害植物生长。酸雨渗透到地里,首先使土壤起中和作用的镁和钙不断消耗,生成的硫酸镁、硫酸钙不断流失,致使土壤酸化,抑制土壤中细胞的活动,加上土壤养分的淋失,造成土壤贫瘠,引起农作物和树木营养不足,生长停止及抗病虫能力减弱。随着土壤酸化的增强,pH 值下降到 4.2 以下时,土壤中的铝不再同有机物聚合,对植物的根系产生毒害,阻碍细胞分裂,使植物抑制硫离子的能力减弱,细菌、霉菌和滤过性病毒乘机而入,终致作物、树木枯死。据报载,1982 年德国全国森林有 8% 受酸雨破坏,1983 年增到 34%,由此可见,酸雨无情地破坏着生态平衡并日渐恶化,不能不令人担心。

2. **污染湖泊、残害鱼类生存**。酸雨使湖、河水系酸化,会直接损坏鱼类器官,威胁鱼类的生存。当水体的 pH 值小于 4.5 时,水中的浮游生物和水生植物就会死亡,断绝了鱼类的"口粮",造成鱼类大量死亡,甚至绝迹。

3. **侵蚀物体,毁坏古迹文物**。酸雨可对铜、汞、镍等各种金属品起腐蚀作用,尤其对铁制品的腐蚀更烈,从而造成巨大的经济损失,使许多蜚声世界的名胜古迹和艺术文物遭到污损,例如古罗马的斗兽场,古希腊的大理石文物,巴黎纪念碑和埃菲尔铁塔,意大利的比萨斜塔,纽约的自由女神塑像,荷兰的圣约翰教堂等均受到不同程度的腐蚀败坏。我国的一些古建筑的损害也很严重。如北京的故宫、天坛等处的露天汉白玉浮雕和铜狮、铜鱼等，也因酸雨污染，一些浮雕的轮廓变得越来越不清晰。此外，酸性大气还使艺术品和古籍手稿等文珍品件变质损坏。

4. 改变水质，损坏人体健康。酸雨沉积地里，土壤中的铝、镉、铅、锰、汞、镍、锌等金属溶流出来，降低了生活用水酸碱度，影响人体健康。酸雨还含有硫酸盐，会阻碍呼吸道和肺部黏液发挥清除废物的功能，引起呼吸道急、慢的病变，使肺病、尤其是老年哮喘患者的病症加重。

目前，世界上有许多国家和地区遭受酸雨的严重危害和威胁，造成巨大的经济损失。近年来，我国南方地区，酸雨也频繁出现。20 世纪 80 年代初，福建开始进行酸雨监测，测得的一些数据表明，酸雨也是很严重的，如泉州市 1984 年的 38 次降雨监测，属于酸雨的占 42%，最严重的一次酸雨的 pH 值为 4.56，可见，酸雨已经在无形中严重地威胁着我们，务必引起我们的重视，要加强酸雨的科研工作，采取有效措施，减轻和消除酸雨的危害。

首先要从控制环境中二氧化碳的浓度入手，降低二氧化碳的排放水平；其次，植树造林是防治污染的一项有效措施；第三，合理布局工业区设施，了解和掌握酸雨的气象条件的类别及其规律，利用有利时机进行合理排放，控制或减少空气污染，避免危险污染条件的发生。

酸雨对环境的污染日益严重，在一些工业发达国家，许多曾是生机勃勃的美丽湖泊，相继被判处死刑，湖里没有鱼类遨游，水面不再飞禽击水，清澈碧波不复存在，情寄黯然。例如，酸雨使美国纽约阿龙达克地区近 200 个湖泊"死亡"，加拿大安大略省约 140 个湖泊变成了死湖。令人怵目惊心，环保无国界，人类共创建。

《圭峰文化研究》

2004.5

饮食与健康 五

Yinshi yu jiankang

膳食的酸碱

食物一般可分为两大类，一类是酸性的，一类是碱性的。所谓食物的酸碱性，不是指带酸味的为酸性食物，带碱味的是碱性食物，而是指食物在体内被消化吸收后，产生的是酸性物质还是碱性物质。如米、面、肉、蛋等食物，因含有非金属元素硫、磷、氯较多，被身体吸收后，经过氧化生成了阴离子的酸根，称为酸性食物；而蔬菜、水果、海带、茶叶等，含金属元素钾、钠、镁较多，被身体吸收后，经过氧化成为带阳离子的碱性氧化物，称为碱性食物。

人体在不断地代谢过程中，体液中氢离子的释放和接收，产生和排出，保持着相对的平衡。体液里的 pH 值保持在 7.4 左右，则酸碱平衡，那么各组织中酶的活动和生化过程就能正常进行，保证各脏器的生理功能。食物除了能供给身体必需的营养素外，还能维持身体的酸碱平衡，如果偏食或是食物配搭不当，就会造成体内酸碱平衡失调，影响身体生长发育和各器官的正常功能，严重地还会引起酸中毒或碱中毒，出现头痛、头晕、乏力、便秘、智力降低、皮肤干燥等症状。

偏食或过食酸性食物会促使消化器官过分生成乳酸，致血液变成酸性，引起高血压、胃溃疡等病，因此我们在吃酸性食物时，需要多吃些碱性食物来中和，特别是吃大鱼大肉的同时，要多吃些蔬菜、水果，荤素搭配，粗精混合，既能防止营养失调，又能保持酸碱平衡，使身体更加健壮。

《侨乡科技报》
1988.5.21

食品的温度与味道

　　隆冬时节,餐桌上的热饭、热菜、烧汤,香气扑鼻,使人胃口大开,寒意大减, 赞不绝口；盛夏酷暑几盘凉菜或是清凉饮品却胜过热食佳肴, 令人馋涎欲滴, 其乐无穷。反之,哪怕是上乘好料,也会叫人"望热兴叹","对冷生畏"。可见四时气候、食品温度、味道、味觉有密切关系。生活中有"茶要趁热喝",以及寒食习俗等之谈,也说明温度与味道有一定的关系。

　　温度高低不仅影响食物中的呈味化合物发生化学反应而改变其风味,同时还会刺激味觉细胞,影响味觉功能,最终影响食物味道。例如冰淇淋在 -6℃环境中保持的最好,从冰箱取出 2～8 分钟后,表面开始融化；喝啤酒要在室温 28℃左右,啤酒的温度 9℃左右,口味最浓郁；泡茶用 90℃左右的沸水才能有色、香、味俱佳的效果,温度太低乏味苦涩,太高也会破坏茶叶的芳香物质、有损效用。至于烹调火候更是与风味息息相关。

　　根据味觉和食品温度的关系,一般可归纳为喜凉食品和喜热食品。喜凉食品温度在 10℃左右,冷食类温度在 0～6℃之间。如冰淇淋为 -6℃, 水为 8～13℃, 果汁为 10℃, 汽水为 5℃, 咖啡味 6℃等, 对人体较为适宜。但是过量食用冷饮会使体表血管收缩、毛孔关闭,影响热量向外散发,容易产生烦闷、乏力,甚至生病,同时, 大量食用冷饮会使胃肠道平滑肌受刺激而强烈收缩导致胃肠功能紊乱, 发生胃肠道疾病。喜热食品温度在 60～70℃之间,如热饮料的热咖啡、热牛奶、热茶等的温度在 65℃,才能喷香可口。油炸类的食物当属喜热食品,味道才鲜美酥香。不过油炸食品的油温不可过高, 更不能炸焦, 长时间的高温油炸, 会使食物中的维生素 A、E，胡萝卜素和脂肪酸受到破坏，特别是油中的残留物经过反复加热，能变成苯并芘有毒物质，对人体的酶系统具有破坏作用，使人发生头晕、恶心、呕吐、腹泻和低热等症状。制作油炸食品时的油温不宜过高，一般以 160 ～ 180℃较好；高温油不宜过长连用，最好不要超过 3 小时。

总之，适宜的食温，有助于提高风味，有助味觉和食欲，同时根据节令和生理要求，掌握得当，那对人体健康是大有裨益的。

《气象用户之友》
1989.1.10

实惠的营养食品——猪血

猪血，价格便宜，营养丰富。每千克猪血的价格仅是同等质量瘦肉的八分之一，而猪血蛋白质的含量比瘦肉还高。据分析：每千克猪血含有全价蛋白质约 100 克，并含有人体需要的 8 种氨基酸和多量的维生素 A、B、C 等，还含有多种微量元素，其中赖氨酸含量相当于肉、蛋、奶的 2 倍，况且脂肪少而铁质较多，又有一定含量的卵磷脂，易为人体吸收和利用，对老、弱、妇、幼及记忆力衰退的人很有益处；是高血脂患者之良好蛋白质来源和理想食品。

猪血入馔，鲜美爽口。烹饪时，不论熬炖、烩炒，效果均佳，诸如负有盛名的风味菜肴"大肠灌猪血"，滑嫩香醇；"猪血炒豆腐"，香辣可口。如果用它代替部分肉食腌制香肠，还能起乳化作用，使之具有保水性、稳定性强和减少损耗等特点。此外，从猪血中还可提取氨基酸制作高级营养饮料和作为添加剂，用于中西糕点、饼干、面包、冰棒、糖果、挂面、蛋肉等食品，其色、香、味俱佳。

猪血还可治病。民间素有"以血补血"的食疗经验，猪血是防治缺铁性贫血之佳品。李时珍在《本草纲目》中也说猪血有"生血的功效"。据研究证实，对经常接触各种粉尘、毛屑的人，进食猪血，能排除其肠道有害物质，有清肠除污之益。猪血中含有微量元素钴，对于机体的物质代谢起着重要的作用，能防止恶性肿瘤生长。猪血还可加工制成补养烧伤、肝硬化等用的水解蛋白及其注射液，及可提炼补血剂等。

《泉州晚报》

1988.7.20

"钓饵干"

"钓饵干"是用带鱼切片晒干而成的带鱼干品。福建泉港的峰尾先民择海而居，宋代中期钓鱼业成为谋生的重要手段，尤以钩钓带鱼是最为拿手的作业。带鱼是我国首要经济鱼类之一，可供鲜食或腌制，其内脏可制鱼粉，皮鳞可提取光鳞、海生汀、珍珠素、咖啡碱、咖啡因等，作为药用和工业用。峰尾渔民使用传统的"延绳钓"技术，钓捕的"钓带"是带鱼中的极品，它表面光洁无瑕，银蓝青亮，肉鲜甜香嫩，油而不腻，是家餐和客宴上诱人可口的美味佳肴。然此而后有的"钓饵干"亦颇有特别风味。

钓捕作业须用饵料诱捕，出海前要准备好一些小什鱼（如小青鳞鱼等）作为钓饵，一旦钓上带鱼，便将带鱼切片作钓饵。其间，有些未用尽的鱼片，搁置在船上晒干，谓之"钓饵干"。

"钓饵干"咸香味甜，喻为"海上辣椒"可作多种菜肴之佐料，是农家特色餐食的好料理，如"咸粥、粉猴、粉羹、炊粉汤、米粉炒、什锦汤"等，味道微腥清甘、实惠又爽口胃，尤其是半干的钓饵干油炸品，咸香酥脆、色香味俱佳，大有"好吃又好看、吃了不肯放"的感觉，确是客餐席上的一道重菜。

"钓饵干"由粗俗货成为上好佳，是因为以下特殊因素：一真料，原料取上乘的"钓带"又是即钓即加工，活鲜度100%；二真功夫，由专业渔民祖传的刀工技术见长，以及专用的"饵刀"，切片厚薄适宜均匀，每片约有一公分左右，肉纹整齐；三好环境，在海阔天空大自然全开放的环境下加工，大气海水洁净无污染；四好气候，冬天天气干冷，风大日烈，易干不变质。天然环境和气候条件等，造就了独特的"原生态"纯绿色佳品。

此外，钓饵干加工时，外有晒干的鱼肚、鱼只、鱼肚皮，可称是"钓饵干"的另类系列产品，美味有过之而无不及，在浙江、上海一带传有顺口溜："说话要说道理，吃带鱼要吃鱼肚、鱼只、鱼肚皮"。现如今，由于渔场和作业技术的变化，原汁原味的"钓饵干"已属罕见，但人们还是很钟爱它，为享口福，特地人为加工"钓饵干"，这不为钓饵的"钓饵干"依然很受欢迎。顺口溜还说：钓饵干乌什鲞，鱼肚鱼只鱼捻仔，做菜煮汤一大鼎，好吃毋免试咸淡（jia）。

《圭峰文化》

2011.9

夏令佼蔬——苦瓜

苦瓜，是葫芦科植物苦瓜的果实，俗称"锦荔枝"、"癞葡萄"，俚语外号叫"红洋"。

苦瓜微苦带有甘甜滋味，能刺激唾液、胃液分泌，促进食欲，深受人们青睐。苦瓜入馔，甘美可口，诸如著名风味菜肴：香港的"拌菩苦瓜"，苦中透甜，清爽利口；湖南的"苦瓜酿肉"，鲜香软烂、苦甜微辣；四川的"苦瓜炒辣椒"苦辣兼备；闽南的"苦瓜烩咸菜"，甘、苦、酸俱收。苦瓜既可生吃、凉拌，也可煎、炒。食用前可先用盐稍搓，经清水漂过，配以鱼、肉，苦涩全无，味道鲜美，清而不腻，堪称南国夏令菜肴的佼佼者。

苦瓜营养丰富，含有多种维生素、多种氨基酸及果胶、矿物质、苦瓜甙等，据测定：每 500 克苦瓜含蛋白质 4.5 克、脂肪 1 克、糖 15 克、磷 145 毫克、钙 90 毫克、铁 3 毫克；含维生素 C 420 毫克，比菜瓜、丝瓜、甜瓜高 10 ～ 12 倍；维生素 B_1 的含量居茄类蔬菜之首；每 100 克含抗坏血酸高达 88 毫克，也属罕见。

苦瓜气味苦寒，具有益气、生津止渴、消暑解热的功能，有很好的药用价值。《本草纲目》载："苦瓜味苦寒、无毒、有除邪热、解劳乏、清心明目、益气壮阳之功效"。常用来治疗胃热痛、湿热痢疾、呕吐腹泻和尿血等症。夏天，可将苦瓜洗净去瓤，装入绿茶、悬于通风处晾干后切碎，每次取 6 克、开水冲泡饮服，可治疗中暑发热、烦口燥渴、小便黄赤等症。佐餐时，将苦瓜洗净去瓤后，切成细片，用猪油爆炒，调入少许葱、姜、食盐，有清热润脾、养肝明目、补肾强腰等功效。此外，苦瓜的叶、茎捣烂外敷，可治疗火烫伤、湿疹、皮炎、毒虫咬伤；苦瓜子炒热后研末，每次 6 克，用黄酒送服，一日三次，可治疗阳痿、遗精。

《侨乡科技报》
1988.7.22

姜的功用

姜是姜科多年生草本植物的地下根状块茎。《吕览》中记载道："和之美者，蜀郡杨朴之姜。"姜是一种调和五味的妙物。姜可健脾温肾功能，活血益气；含有"姜辣素"，会使神经系统兴奋，血液循环系统旺盛。其性味辛辣，能散寒解表，止呕化痰，有温中祛寒，回阳通脉的作用。用于治疗风寒感冒、发热恶寒、头痛鼻塞、咳嗽多痰、脘腹冷痛、吐泻、四肢厥冷、脉微欲结等症。

俗语云："冬有生姜、不怕风寒"，古人早就知道，姜可以治疗多种疾病，对人体健康有益。王安石在《字说》中称："姜能疆御百邪。"苏轼的《东坡杂记》中说："钱塘净寺的和尚，年纪八十多岁，颜色如童子，'自言服生姜四十年，故不老云'。"而春秋时代的孔子就懂得吃姜的好处，所以他生平"不撤姜食。"李时珍的《本草纲目》中写道："姜可蔬，可果，可药，其利博矣。"并列出姜可以治疗的几十种疾病；民间常以红糖姜汤用作治愈风寒感冒的良方，因姜含有芳香和辛辣味，前者能促进血液循环，温暖身体，后者可增加胃液分泌，故有较好效果。俗语说"冬吃萝卜夏吃姜，小病小灾一扫光"，可见，姜不仅是治病良药，又于人体健康大有补益。

但是，姜的药性猛烈，故不可片面地大量使用。食姜也得适量，如果过量，反而有害，会造成口干、喉痛、便秘等。李时珍在《本草纲目》中对此也有"食姜久、集热患目，珍屡试有准，凡病痔人多食兼酒，立发甚速。痛疮人多食，则生恶肉"的记载。因此，对于寒后有明显的咽喉肿痛、口干目赤、大便干燥或牙痛、口舌生疮者，以及患有肠结核、胃出血、失眠病和细菌性痢疾的病人等，都不宜食用。

《泉州晚报》

1986.10.31

用盐之法和吃油之道

油、盐不仅是人们生活中必备的调料品，而且是支持人体生命机能活动的重要物质。

食用油除含有中性脂肪外，还含有磷脂、胆固醇和维生素 A、D、E 等，有益健康。众所周知，凡属咸食饭菜都离不开油，因此有媳妇做菜的本领全靠"油滑流"之说。但是，吃油不是多多益善，油脂过多会引起皮下和内脏器官外表的脂肪大量堆积，使人发胖，并使各脏器加速早衰和病变，特别是加速血管硬化，从而引起高血压、冠心病等。

吃多少油为好呢？这不能一概而论，应根据各人的身体情况而定。隆冬寒冷季节吃油量可多些；盛夏酷暑之际，消化功能下降、食油量就该少点；肝胆疾病患者，以及患胃肠炎及痢疾的人，就不要多吃油腻食物。

食盐的主要成分是氯化钠，氯、钠离子是人体的重要电解质。心脏没有它会影响正常跳动；肌肉缺了它会出现抽筋；胃里少了它会引起胃酸不足，消化不良。盐素有"调味王"之称，故俗语说："无咸不成甜"，能使食物味道鲜美可口。然而用盐过多不仅会使食品菜肴苦涩，而且对健康有害。科学研究表明，高盐膳食会对身体造成危害，是引起高血压、造成脑血管病的重要原因之一。

《泉州晚报》
1988.4.17

吃盐应多少？

盐是厨房里的必备佐料。俗语"无咸不成甜。"烹调时，盐中的钠离子与蛋白质中的谷氨酸起化学反应，使食物菜肴的味道变得鲜美、咸甜可口；如果没有它，一切食物将会平淡无味，即使是山珍海味恐怕也会味同嚼蜡，所以盐被人们誉为"调味之王"。

盐是组成人体的重要成分之一，是支持生命机能活动的主要化学成分。盐中的氯、钠离子是人体的重要电解质，心脏没有它会影响正常跳动；肌肉缺了它会发生抽筋；胃里少了它会引起胃酸不足，消化不良，食欲不振。体内一旦含盐量偏低，大脑中枢神经会发出一种异常强烈的需盐欲望，如果长期缺盐，会引起浮肿、四肢无力，严重缺盐时会危及生命。

可是，吃盐并非多多益善，过量反而有害。近代医学和流行病学研究表明：高血压与食盐量有密切关系，高盐膳食是引起高血压和脑血管病的原因之一。少了盐不行，盐吃多也不好。那么，盐吃多少比较合适呢？一般正常人每人每日食盐量不要超过 10 克，每月食盐量约以 250 克为宜。至于患有心血管病、肾脏病的人，则应视病情的轻重加于限制。

《泉州晚报》
1988.7.6

夏话苦瓜

苦瓜系葫芦科一年生草本植物，叶掌状深裂、淡绿色，花黄色，果纺锤或长圆筒形，果面有瘤状突起，成熟时呈黄赤色，果肉鲜红味苦，瓤鲜红色，味甜。未熟嫩果作蔬菜，成熟果瓤可生食。原产印尼，引进本地，大概因此俗称"红洋"。

据载，苦瓜富含蛋白质、脂肪、糖、钙、磷、铁等，每千克苦瓜含维生素 C 210 毫克，比菜瓜、丝瓜、甜瓜约高 10 倍；维生素 B 含量居瓜茄类之首；含抗坏血酸每百克达 88 毫克，实属罕见。《农政全书》载："青瓜颇苦，亦清脆可食耳，闽广人争诧为极甘也。"妙在苦中回甘，是夏令佳蔬，清暑解毒，有利健康。可生食，凉拌或煎炒。将苦瓜用开水浸泡后，切成细丝，再用酱油、麻油、糖、葱屑等佐料拌匀，这道"拌苦瓜"素菜，清爽利口，在香港等地很得青睐。苦瓜酿肉、煮鱼，鲜香软烂，也是不可多得的风味名肴，苦瓜炒辣椒，苦辣兼有，视为暑天开胃良品。

苦口良药，良药苦口。苦瓜有去热邪、解劳乏、清心明目的功效，可用于治疗胃热痛、湿热痢疾、呕吐腹泻及尿血等症。据民间经验，将井条苦瓜洗净去瓤，装入绿茶，悬挂阴干后切碎，采用泡茶的方法冲泡，频饮，可治疗夏天中暑发热、烦躁口渴、小便黄赤等症。苦瓜的叶茎捣烂外敷可医治火烫伤、湿疹皮炎、毒虫咬伤等。此外，使用苦瓜对治疗糖尿病有一定的效果。

民谣说："红洋菜瓜，半暝开花，五更结菜，天光（亮）挑去卖。"形象地道出苦瓜的生长特性和出售情形。选用苦瓜佳蔬，品味苦尽甘来。

《圭峰文化》

2011.9

碧海广场 六
Bihai guangchang

海与洋

海洋是地球表面广袤连续水域的总称，面积约36200万平方千米，约占地球表面积的71%；体积约为173000万立方千米。

然而，海与洋有别。海，是洋的一部分，是大洋的边缘部分。海，水域面积较小，约占海洋总面积的11%，深度较浅，水色浅蓝，透明度小，没有独立的潮汐和海流系统，水温和盐度受大陆的影响，有明显的季节变化。边缘海有河水倾入，盐度较低，一般在32%以下；而在没有淡水注入、蒸发大的内海，盐度较高，如红海的盐度高达42%。海，因所处的位置不同，可分为边缘海、地中海和内海等。

边缘海，简称缘海或边海，位于大陆边缘，一侧以大陆为界，另一侧以半岛、岛屿或群岛与大洋分隔，如黄海、东海、鄂霍次克海等。

地中海，亦称陆间海，处于几个大陆之间的海，面积较大、深度较深，有海峡与毗邻海域或大洋相通，如欧、亚、非三大洲之间的"地中海"，安得列斯群岛、中美洲和南美洲大陆之间的加勒比海等。

内海，深入大陆内部的海，仅有狭窄水道与大洋相通，面积小、海水浅，其水文特征受周围大陆影响，如渤海、黑海、波罗的海。

全世界共有54个海，其中最大的是澳大利亚东北部的珊瑚海，面积479.1万平方千米；最小的是土耳其海峡中的马尔马拉海，面积仅1.1万平方千米。

洋，是地球表面上广阔的水域，一般指海洋的中心部分。约占海洋总面积的89%，它的深度深，水温和盐度不受大陆影响。盐度平均为35%，水色高（呈深蓝色）、透明度大，并有独特的潮汐和强大的海流系统。全世界有太平洋、大西洋、印度洋和北冰洋四大洋，其中最大的是太平洋,面积约 17968 万平方千米,平均水深 4028 米;最小的是北冰洋,面积为 1310 万平方千米,平均水深 1200 多米。

海洋与人类生活息息相关,是地球上生命的发源地。目前还有 80% 的植物生活在海洋里,海中有 20 万种以上的生物资源,仅鱼类每年可向人们提供 30 亿吨,可提供的食物达全世界农田所提供的千倍以上,但目前的利用率还不到三分之一。开发利用海洋,大有可为,任重道远!

《航海》

1989.3

漫话盐

盐,相貌不扬,渺小不雅,既便宜又俗重,在人们心中被视为普通的"粗俗货"。

其实,盐在国民生计中有着举足轻重的地位。盐可制成氯气、金属钠、纯碱、烧碱、小苏打、碳酸氢钠和盐酸等。氯气和碱又可制作万种以上的工业品,在工农业、国防工业以及医药上,都有着极其广泛的用途,有化工之母著称。

盐是人类生活中不可缺少的物质,是组成人体的重要物质之一,是支持生命机能活动的主要化学成分。盐中的氯、钠离子是人体的重要电解质,心脏没有它会影响正常跳动;肌肉缺少它会出现抽筋;胃里少了它会引起胃酸不足、消化不良。人体内一旦含盐量偏低,大脑中枢神经就会放出一种异常强烈需盐欲望的化学信息;如果长期缺盐,会引起浮肿、乏力,甚至危及生命。喜儿变成"白毛女"

乃缺盐引起的说法，大有可信的道理。

盐有"调味王"的美称，也有人把它比作佳肴的母亲。盐确实有神妙之功，盐中的钠离子能与蛋白质中的谷氨酸、氨基酸起化学反应，使得食物菜肴的味道变得更鲜美可口，这就是俗语"无盐不成甜"的真谛。可以这样认为，如果没有盐的话，不仅所有的咸酱类调料，鱼、肉、蛋、菜的腌制品等，统统无法问世，生活一片黯然，而且一切食物都会变得淡而乏味，即使是山珍海味，恐怕也是味同嚼蜡；我们日常生活的主旋律将会出现一筹莫展的尴尬局面。

盐又是中国历代政府的主要财税收入对象之一。革命战争年代里，由于敌人的封锁，盐同枪支子弹、药品等同样重要。多少战士和群众视盐如命，甚至为了搞到盐牺牲在敌人的枪口刀尖下。盐，它为革命事业立下了不可磨灭的功劳。盐，确实功德无量。尽管人们很少发现其神奇光彩，常见平凡，但任何人也都无法否认它的重要地位和作用。我们确应感谢拼搏在盐业生产战线上的制盐工人，他们不论假日节日，不分白天黑夜，不管酷暑严寒，不畏台风大潮，用自己的双手捞取大海里的琼浆，晒制出珍珠般的财宝。大海浩瀚无垠，制盐工人的胸怀广阔坦荡。

《福建盐业》

1990.6

海水能饮用吗？

海水如能饮用，人类何愁水资源紧缺。这个问题似乎问得有些古怪，但道理并非妇孺皆知。

海水中含有大量的盐分，又咸又苦，既不能饮用，也不能用来灌溉农田。因为饮用海水，人体内细胞的盐分增多，要排除那些过多的盐分，必须增加排尿量，因此，排出的尿量势必比饮入的海水量多，会导致脱水，以至危及生命。世界卫生组织及联合国海事协商组织曾明文警告人们，不能饮用海水和掺兑较多海水的"亚淡水"。

然而，现代一些科学家试验证明，短期少量饮用海水可维持生命，且对身体健康损害不大。法国医学博士仓马尔开创先例，大胆地在自己身上作过试验，他认为，一个人如果连续五天，每日饮用海水量 800 ～ 900 毫升，对身体健康不会有多大损害。但如非特殊情况，如海难事故陷入困境的遇难者，人们不可能也不会为创造吉尼斯纪录去饮用海水的。

《圭峰文化研究》

1999.9

海阔天空说"大宝"

盐区人世代与盐相伴，他们对盐由衷地热爱，不无道理，因为它同人类休戚相关。

据研究，地球上第一个单细胞有机体乃孕育在含盐的海水里。生命始于寒武纪时期的海洋中，历经五千万年的逐渐演变，才有了脊椎动物和人类，可见，人类与盐结有前缘。我们的祖先，从原始人类开始就懂得择盐而居，例如一百七十万年前的云南元谋人，一百八十万年前的四川巫山人，十万年前的山西丁村人等，皆就盐安居。华夏民族的远古部落亦在近盐之地选址设都立国，如唐尧建都平阳，虞舜建都蒲坂，夏禹建安邑等，都在山西运城解州盐池附近。战国后期秦楚曾为争夺四川巴东盐泉进行了近六十年的拉锯战。

盐维系人的生命。盐是组成人体的重要成分之一，是支持生命机能活动的主要化学成分，体内一旦含盐量偏低，大脑中枢神经就发出化学信息，出现异常强烈的需盐欲望，如果断盐的话，轻者饮食不振，恶心乏力，浮肿虚弱，影响健康；重者心神恍惚，肌肉痉挛，虚脱昏迷，甚至濒于死亡。

盐素有"调味王"之称，盐中的钠离子能与蛋白质中的谷氨酸、氨基酸起化学反应，既能去腥，提鲜、解腻，又会加重原食物的鲜香味道，俗语"好厨一把盐"就是这个道理；在咸、甜、酸、辣、苦五味中，盐咸当为冠；盐能防腐，腌制食物非盐不成。盐又是治疗某些疾病的良药，《本草纲目》上说，盐有长肌肤、牢筋骨、除邪下毒、明目益气的功效，民间用盐治疗咽喉痛、疝气肿痛、睾丸下坠和受寒腹痛、便秘、膀胱炎等，效果甚佳。此外，盐有许多特殊的功能，如去苦涩、除污渍、防腐、保鲜、护发等许多妙用之法，为我们日常生活中解决疑难问题。民间有取盐施法驱邪之俗，奥妙何在？另当别论。

盐是现代化工基础——氯碱工业的基本原料，称为"化工之母"，所以说盐是国之大宝。盐业生产薄本利多，正如古代诗人朱卿余诗云："千家沽酒万户盐，酿溪煮海恩无极。"古今中外都把盐视为国家财源和经济命脉。我国历代政府亦不惜血本抓盐铁，春秋初期，齐桓公采纳管仲相的"官山海"、"正盐笑"建议，设官征税，获得巨利。汉武帝时，围绕盐铁的专卖问题，进行了一场剧烈的唇枪舌剑大论战，由于采纳了桑弘羊的官营专卖政策，带来了国库充盈、经济繁荣，国力昌盛，打败了匈奴的侵扰。三国时期，魏镇西大将军邓艾灭蜀后，即派四万士兵煮盐冶铁。晋朝制定了"凡民不得私煮盐，犯者四岁刑，主吏二岁刑"的严厉法律。唐朝是我国封建社会的鼎盛时期，乃因盐税得益，这从《新唐书》："天下之赋，盐利居半，宫闱服饰、军饷、百官俸禄皆仰给焉"中，足以为证。当历史步入改革开放的今天，盐仍是国家唯一的统配物资，任何单位或个体都不许私自经营，以上所述，足见盐的重要地位作用，确非寻常。

作为人类文明之一的盐文化源远流长。相传我国制海盐始于宿沙氏，教民刮取海滨咸土，浇上海水，滤下卤水，熬煮为盐。据考证，宿沙是皇帝的属臣，如此说来，我国制海盐已有五千年的历史。历代文人墨客留下大量的盐文学，东晋文学家郭璞的《盐池赋》写道："灿如散练，焕若布章；紫沦丽焰，红华笼光"。描写旭日辉映下的盐田景色；唐代李白的诗句"吴盐乳化皎如雪"。赞美盐的纯洁；肃宗乾元二年，杜甫赴同谷途中，作《盐井》诗："卤中草木白，青者官盐烟，官作既有程，煮盐烟在川，汲井岁搰搰，出车日连连，自公斗三百，转致斛六千，我何良叹嗟，物理固自然"。"卤中草木白，青者官盐烟"是杜甫目睹当年盐灶青烟，卤水污染环境的忧叹，他对"汲井搰搰，出车日连连"的辛劳盐工寄予同情，诗中"斗三百"而"斛六千"对当政剥削进行了抨击。我国凿井汲卤的钻井技术比外国早一千多年，根据苏东坡的《蜀盐说》记载："庆历皇佑以来，蜀始选筒井，用圆刃锉，如碗大，深者数十丈，以巨竹去节牝牡相衔为井，以隔横入淡水，则卤泉自上"的档案材料。我想，我国的钻井术，可否列为指南针、造纸、火药、活字印刷术之后的又一大发明。

《山腰盐》

1991.2.5

93

遥在九天知鱼群

——气象卫星测报渔汛

"坐地日行八万里，巡天遥看一千河"遨游于九天的气象卫星，利用其遥感装置，在向我们提供气象信息的同时，还能为我们测报鱼群。

我们知道，海水温度及生态条件是决定鱼类新陈代谢、生长速度、性腺成熟度、活动区域以及摄食量的重要因素，因此鱼类对水温变化比较敏感。每一类鱼群，都有其一定的最适水温和适温范围的海洋活动区域。在冷、暖洋流交汇区，海水温度变化大，上下翻动混合形成涡旋，鱼类的食物丰富，有利于海洋浮游生物生长、集合和繁殖，是鱼类喜欢群集的区域，所以，冷、暖海流交汇区域带可形成渔场。

气象卫星采用现代化的空间技术和遥感装置，把探测到的海洋表层水温分布、冷暖洋流的流向和汇合区，通过无线电传真，将数据传输到地面，制作成图像或曲线，经电子计算机的科学处理，可以得到海水温度和冷暖潮流的变化规律及分布图，从而，预报渔讯，判断渔场位置。

利用气象卫星资料指导渔业生产，美、日等国已先走了一步。近年来，我国利用 NOAA 卫星的 AVHRR 通道上的资料，对东海表层流系和东海、黄海中尺度涡旋特征，进行了探索性研究，从增强的卫星云图上区分出其冷暖流的位置，研究它的变化规律，制定鱼群预报，发展渔业生产，取得明显效果。

1985 年初，上海渔业公司，根据国家气象卫星中心提供的信息，千帆竞发，直航渔场位置，果然满载而归；

1985 年 11 月下旬，根据气象卫星资料预报"189 海区"一带有大鱼群活动，渔业捕捞队分别在 21 日、22 日，一网捕获大白带鱼 1400 箱和 1000 箱，取得 20 多吨的少见高产；

1985 年 12 月，根据气象卫星的水温图，预报"126 海区"有大鱼群，结果一网鲐鱼高达 11000 箱，经济效益逾 18 万多元；

1986 年 11 月中旬，根据气象卫星资料，发现济州岛附近有冷暖流汇合，有大鱼群活动，结果一网就获得鲐鱼 10500 箱的高产纪录。

1986 年，北京卫星气象中心、福建省气象台与省水产厅协作，就应用气象卫星遥感寻找中心鱼群的研究课题达成协议。可以预期，随着现代科学的发展，应用气象卫星资料指导、发展渔业生产，必定发挥更大的作用。

《泉州晚报》
1987.9.17

海水中的盐分

浩瀚无际的海洋，以她那宽广的胸怀，无私地向人类奉献出无数宝藏，海盐便是其中的一种。

据计算，地球上的海水中，含有盐类 4680 万亿吨，如果把它平铺在地球上，其厚度可达 45 米，而氯化钠占 35.57 米。可见，海水是洒制海盐取之不尽、用之不竭的天然资源。那么，海水中的盐分是哪里来的呢？

根据人们对大自然长期观察和研究的结果认为，最古老的大洋海水含盐量本来很少，是后来逐渐增多的，所以过去长时间里，人们认为海水里所含的各种盐类，是从地球上由河流在千百年中，一点一点地带到海洋里去的。然而，这一理论不能解释海水中盐类含量为何如此之多。另外，科学家现已确认：几亿年以来，海水中盐类组成并无多大变化，而河水中的盐类组成却是有变化的，如此，也不能自圆其说。其实，海洋中的盐分来源于海底火山爆发。海洋科学的研究证明，海底火山远比陆地上的火山多得多，而在火山喷出物种中就会有可溶解化合物，它的化学组成与海水中的盐类组成十分相近。这是海盐来历的一种为大家普遍认可的新解说。

《泉州晚报》
1987.12.30

漫话海潮

蔚为壮观的海潮，有一个有趣的规律，每天起落升降，周而复始，令人神往莫然，因此，在民间曾流传着许多关于海潮的传说。

古时候，由于人们不了解自然界中的各种现象的原因，海潮也被蒙上神秘的帷幕，在民间流传着许多神奇的传说，诸如申公豹受封执掌东海的传说；如"海龙王"喜怒造作的传说等，其中流传较为广泛的是"子胥为涛"的神话。

春秋末期，越、吴两国相互攻伐，吴败越后，越国谋臣范蠡策划勾践，以卑辞厚礼和美女向吴国求和，到吴国当臣仆，以图东山再起。吴王夫差对越国的蓄谋毫无戒心，转而攻伐齐国，伍子胥劝其拒绝越国求和并停止伐齐，夫差不但不听劝谏，反而冷落了他，并听信善于逢迎的太宰杀伍子胥的谗言，赐剑命他自杀。

伍子胥死后，暴戾的吴王夫差还觉得不解恨，又命将其尸体放进大锅煮烂，然后装入皮袋，投入钱塘江。传说，因伍子胥含恨而死，阴魂不散，驱使怒潮涌起，以发泄怨恨。后来，人们把海潮说是伍子胥的造作，奉为"潮神"，当地老百姓还建了许多庙宇来纪念他，烧香上供祭奠，祈求他息怒，不要让潮水殃及庶民，这给潮汐蒙上迷信的神奇色彩。

海潮究竟是怎么回事，人们经过不尽的努力探索，终于发现了海潮的起源。公元前325年，希腊天文学家、探险家毕托拉斯为了揭开"潮神"之谜，乘船由地中海向西航行，穿过直布罗陀海峡，抵达大西洋彼岸，再沿法国海岸北上，进入北海。他在英吉利海岸，对潮汐现象进行了仔细地观察、记录并分析，发现潮汐运动的规律，每天有两次升高和下降，每月有两次大潮和小潮，况且大潮总是出现在满月和新月之日，小潮却出现在上弦月和下弦月的日子。终于冲破了"潮神论"的桎梏。

我国东汉时期的唯物主义哲学家王充，成长于浙江钱塘江南岸，曾对钱塘江潮产生了浓厚的兴趣，进行过长期的观察研究，发现潮汐涨落的高低与月亮的圆缺有着密切的关系。他在《论衡·自然篇》中指出："潮之起也，随月盛衰，大小满损不齐同。"第一次提出潮汐与月亮直接关系的新说，是我国第一个推翻潮神传说的先驱者。然而，对潮汐的成因还是只知其然，而不知其所以然。迨至17世纪80年代，才从科学上向人们揭示了潮汐的成因。

英国著名物理学家牛顿，于1671年制造了反射望远镜，初步考察了行星运动规律，解释潮汐现象。1685年，发表"万有引力定律"，把引力的规律做了合理的推广，指出"任何两个物体都是相互吸引的，引力的大小跟两个物体的积量的乘积成正比，跟它们的距离的平方成反比"。月球绕着自转的地球运动，又都绕着共同的质量中心作平移运行，因而也存在离心力。地球表面的海水受月球和太阳的引潮力，以及地球自转所产生的离心力共同作用，使向月和背月方向形成高潮，两侧形成低潮，这就是海水涨退产生潮汐的原因。因月球距离地球比太阳距离地球近约 400 倍，月球的引潮力约为太阳的 2.17 倍，故潮汐现象主要随月球运行而变化。每日出现两次高、低潮。

当太阳、月亮和地球的位置成一直线时，即每月农历初一（朔）、十五日（望），因月、日引潮力同时作用，潮水涨的最高，落得也最低，出现"大潮"；当月球和地球的连线与太阳的位置成为直角时，即每月农历初八（上弦）、二十三日（下弦），日、月的引潮力相互抵消而减弱，使潮水的涨落比平日为低，潮差很小，成为"小潮"。每月有两次大潮和小潮。此外，因为地球绕太阳作周年视运动（公转）时，运动轨道是椭圆的，所以有两次靠近太阳，两次远离太阳，靠近太阳时引潮力大，加上月球朔、望的引潮力，就出现特大潮，反之则反，出现特别小潮。每年三月二十一日（春分点）和九月二十三日（秋分点），出现特别大潮，尤其是后者，俗称农历"八月大潮"，潮水在东北季风的推波助澜下，潮位更高，潮流更猛。

我国除小数海区的潮汐为全日潮或混合潮外，大部分海港属于半日潮，即在 24 时 50 分（一个太阳日）内，出现两次高潮和两次低潮。早称为"潮"，晚称为"汐"，两者名异实同。通常以"潮汐"表示海潮。潮汐的大小和涨落时刻逐日不同，每天约推迟 50 分钟。因为地球自转一周（360°）需 24 小时，而月球绕地球一周为 29.5 天，月球转过角度为（360°/29 天）12.2°。因为每转 1° 需要 4 分钟，（12.2×4=48.8）约等于 50 分钟。这就是潮汐每天推迟的奥秘所在。

福建泉港区峰尾渔船民长期与海打交道，风里来，浪里去，非常熟悉潮汐规律，编成口诀：初一、十五天亮涨潮；初三、十八水满午际；初六、二十早晚退半；初九、二十三早晚满；初十、二十五吃到干露。还根据海潮与月亮的关系，总结出"月落水涨、月正水退、月出水涨和水在月前"的潮汐时刻，以便于掌握潮汐规律，安排生产活动。

《圭峰文化研究》
1999.9

船之别称

　　船舶是船的总称，它的别称颇多。小型的船，叫"艇"，排水量在500吨以下；中大型的军用船，号"舰"，排水量在1000吨以上；中大型的民船，称"轮"，排水量在5000吨以上。从推进性能上可分为机动船和非机动船；从建造材料上可分为木船、水泥（钢筋）船和钢（铁壳）船；用竹子造的船叫竹排、竹筏等。古代的船是用木材建造的，最初是用一根木材剖开，中间挖成凹形，即"刳木为舟"，称"独木舟"，后来发展为聚木造船，到了19世纪后半期才有钢船问世。

　　船的别称，根据其用途不同，有各种各样的称呼。诸如，用来打鱼、载货、载客的船，称"渔船"、"货船（轮）"、"客船（轮）"；作为打捞、救生、潜水作业的船，称"打捞船"、"救生艇"、"潜水艇"；专供旅游娱乐、驳运货物、摆渡的船，称"旅游船"、"驳船"、"渡船"；军事特用的船，称"炮艇"、"巡洋舰"、"驱逐舰"等；一家人生活在船上的船，称"连家船"；还有一些似船非船的"航型船"、"玩具船"等等，皆为"因义而名"。

　　《考工记·总序》："作舟以行水。"古时候，称船为"舟"者居多，此外，也有许多别称，古书上习见常用的有：称船为"舫"，如"长风连日作大浪，不能废人运酒舫。"（元结《石鱼湖上醉歌》）；称船为"舸"，如"西子下姑苏，一舸逐鸥夷。"（杜牧《杜秋娘》）；称船为"棹"，如"归棹洛阳人，残钟广陵树。"（韦应物《初发杨子寄元大校书》）；称船为"舴艋"，如"龙头舴艋吴儿竞，笋柱秋千游女并。"（张先《乙卯吴兴寒食》）。还有称船为"艨艟"，指古代的战船，称船为"艅艎"，指大舰等等。

此外，古时骚人墨客，还运用形象比喻的辞藻作为船的代称，如李白《黄鹤楼送孟浩然之广陵》："孤帆远影碧空尽。"张孝祥《过洞庭》："玉鉴琼田三万顷，着我扁舟一叶"。苏轼《赤壁赋》："纵一苇之所如，凌万顷之茫然。"以"帆、叶、苇"为船之代称。又如李清照《一剪梅》："轻解罗裳，独上兰舟"。李白《宜州谢朓楼饯别校书叔云》："人生在世不称意，明朝散发弄扁舟。"以"兰舟"、"扁舟"为船的美称，实是绚丽多彩。

福建泉港峰尾渔区对船的称谓也颇多，如：竹排、舢板、阔头（摆渡驳运船），"鲒"仔子、"鲒"仔母、大排（钓鱼船）和流縺船、网槽、拖网船、机帆船等等。

《圭峰文化研究》
1999.9

兴渔航之利　通舟楫之便

——峰尾黄氏造船与其"黑桅五枪堰"

"一身居住在海边，无亩以海作为田"。泉港区峰尾半岛的先民择海而居，猎鱼生息，世代以渔航为业，民生无日不离船。《易·系辞下》："舟楫之利，以济不通。"造船业不可或无。北宋名宦谢履的《泉南歌》云:"泉州人稠山谷瘠,虽欲就耕无地辟,州南有海浩无穷,每岁造舟通异域。"见证造船业之盛,史有誉为"梯航万国"的"东南巨镇"之称。

峰尾黄氏世代专长造船,史有建树,技术精湛。明永乐三年(1405年),明成祖使宦官郑和率舰通航"西洋",时任船队"文武卫"的忠武尉黄参,荐引圭峰造船名匠黄源修(黄氏入峰始祖)参与筹划、船艺设计、工程规划、材料统筹和监匠训导。时黄氏族人习造船者众,兄弟叔侄共事造船,为首执斧人逾九十有九。清顺治十三年(1656年)、康熙二十一年(1682年),黄氏入峰十二世祖之造船名匠黄都,先后为郑成功收复台湾和施琅水师建造"战船",并受清廷委任为"道宪厦广军工监匠首领",分辖监造圭峰、沙格二澳战船任务。为海上丝绸之路和收复台湾宝岛作出贡献,立汗马功劳,载入史册。台湾收复后,峰尾古船频频航抵台湾基隆、梧栖、鹿港、布袋沃、光士寮的港埠,掀起时称"台湾兴"的商贸之旅,创下"双赢"业绩。

黄氏造船世代相传,驰名遐迩,载誉班门,自入峰始祖源修至今已有25代,近百年来造船名师,层出不穷,且间户外拓,造船为业者散布闽浙沿海渔区,或开办船坞。迨19世纪初,以黄邦吉、黄邦用为代表的一代造船大师,工艺日臻完美,事业趋向成就,如一改进了传统"尾花滚尾焉梛"的造船工艺;二是按"龙骨"长与船宽,船宽与船深的比例为3/10取决定型(例如龙骨长10丈[①],则船宽3丈,船深9尺[②]),再根据船宽配置桅杆、舵杆及船帆的长度大小,这样可以做到"一斧定型"的先进造船技巧方法,具有船体结构坚固,抗风能力强,航行速度快等优点。黄氏造船史上所建造木船的数量、型式颇多,其中以"黑坡五枪堰"的大排船,盛名著称于世。迄今,黄氏后裔黄初开、黄初平父子仍在从事造船业和制作"峰尾古船模"工艺展品。

---

① 丈:长度单位,1丈≈3.33米;

② 尺:长度单位,1尺≈0.33米。

"黑桅五枪堰"系效仿明时"宝船"款式，清时"官船"枪炮架特征，结合现代钓（航）船功能整合设计建造，成为独具一格特色的峰尾古船。因在船舷及船帮水线下部涂上黑色防腐油漆；又因在两侧船板上沿各雕绘五个"回"形（或菱形）的假枪炮眼，横排成行，宛如工事城堡，故俗名。该设计取益于"河清海晏"，水清波平的理念。郑锡《日中有王字赋》："河清海晏，时和岁丰。"意指天下太平。

建造技术采用传统的分格式水密隔舱结构，制作工序依次为：先安放龙骨，钉龙骨翼板和两边水底板；安装隔舱板，一般采用不同定格的水密舱装置，钉船板和"梁拱"；铺设"肋骨"，雕刻弯曲形的船壳外形板和舱面甲板；船主体结构完成后，用"桐油灰"掺揉"麻柠茸"或"竹丝"挤塞粘缝；然后"安龙目"、"钉头巾"、树桅、张帆。最后，择期吉日良辰"拨落令"，从船台推进海域试航。船体肚樑结构艞舻依次俗称为："头襟、头满、后班、合檀、中肚樑、五肚樑、官厅、灶肚前后樑、尾营等，两樑之间的船舱分别称为："头肚、小官厅、后班边、水舱、中肚、五肚、官厅、灶肚、尾肚等。

古船上建置冠名为十二生肖构件，有别于其他古船的特殊标志，体现了地方艺术文化特色。这格物化的十二生肖喻称是：（1）鼠桥，位于船艞顶端，圆柱木横置，榫有木柄车齿，横柱中雕绘有闪闪发亮鼠目图，操作轱辘转动，便利起落船椗。起椗时由吊钩套住椗叶，升至于船面成平行直线，如同过桥，安全吊放船上。（2）牛栏，由长圆木纵向架设在船舷两侧的顶上，用作扶手护栏，保护人员生活安全。（3）虎口，位于鼠桥内、头巾顶，钳饰一块雕绘虎头图案的横板，可防海浪直拨船上。虎口处正好为锚缆起落出入口，船联妙句谓"虎口发银牙"。显示虎虎生威，势不可挡，海盗船望而生畏。（4）兔厨，也叫兔厕，位于船艞右边，尾桅帆边尾部舵杆旁；筑成扇弧形半喇叭口挡板，雕绘小白兔图，表示清洁卫生，为船员如厕之处。（5）龙目，即船眼睛，安置于船前两侧，正所谓"画龙点睛"。表示龙目光彩，指引航向，永不迷航。(6) 蛇鈑，也叫水蛇，位于两侧船舷的船底线以上的船形弧板，稍凸出船舷，亦称鈑护木。与海水波浪滚动起伏相映，宛如水蛇，故名，并以此测定载重量的警戒线，如若负载时，船底黑漆舷全部沉没水里，故也称"黑稳"。(7) 马面，船员住宿区房间加盖的"屋檐"，好使船员在甲板上作业时遮挡风雨。(8) 羊角，位于船头头巾顶，用来固定锚缆位置的竖木，保护桩索以防船桩左右摇摆碰损船体。(9) 猴头，即滑轮头，亦称葫芦头，分别安置在帆、桅及船的头尾诸处，使船帆升降顺利进行。(10) 鸡厨，或叫鸡舍，位于船舵左边，与兔厨相对称的艉部橹空门左边，船上养鸡的地方。用来叫更报时，掌握航点。(11) 狗齿，位于中桅的下后方，形如犬牙的挡木，作系扣帆绳用。(12) 猪架，即盛放船帆的支架。生产作业时，船员可按十二生肖的相应位置，各司其职，船长也以此喻称术语，下达口令，使然既有条不紊，又避免失误，恰到好处！

峰尾古船船联在联宛中颇有特色，如"一篙点碎海底月，双桨划破水中天"、"九曲三湾随舵转，五湖四海任君航"，有诗情画意之美，意境和谐之妙；"履浪涛如平地，拥大海作良田"、"乘东风踏平万里浪，扬海螺威震九重天"，是抒发雄心壮志的豪迈誓言；"渔歌晓还红日出，风帆木载锦鳞归"、"千寻网索机上转，一网收来鱼满仓"，为祝福贺祥，讴歌丰收的喜悦景象。龙目联"龙头生金角，虎口发银牙"、中桅联"大将军八面威风"、头桅联"二将军开路先锋"、尾桅联"三将军顺风相送"、舵把联"万军主帅"等，生动含蓄，雅俗隽永，与船的构件特征相映成趣，独出心裁，脍炙人口。此外，船头饰镜面板，绘国公图，匾"破浪行万里"，船尾饰顺风板，绘满月图，匾"海不扬波"，企及平安顺利，一帆风顺。

《圭峰文化研究》

1999.9

生活视点 七

Shenghuo shidian

爱与智力

爱是智力发展的一种重要因素。有个叫哈哈的心理学家对恒河猴作过研究。他把一群小猴分成两组，分别与其亲生母猴和毛皮装饰的"母猴"一起生活，结果后者不仅生长缓慢，而且较少戏耍蹦跳，也不敢触摸新鲜东西；类似情况，我们在生活中也不难发现，诸如有母鸡带的小鸡比没有母鸡带的小鸡长得壮，反应敏捷机灵。显然，缺少"爱"的小动物，智力就比较差些。然而，爱对于儿童智力发展影响更大。美国一些心理学家对"孤儿院儿童"进行研究证实，孤儿由于长期失去亲人深情的爱，他们的智商较低，表情较呆板，性格较孤僻，思想不活跃，由此可以看出，爱与智力有密切的关系。

孩子得到了父母的温柔抚爱，良好的刺激能使大脑的兴奋与抑制得于平衡协调，从而促进脑的发育，提高智商。相反，孩子缺乏温柔体贴的爱抚会产生所谓"皮肤饥饿症"，肤觉迟钝，导致性格孤僻、郁闷、烦躁，还会引起食欲不振、发育不良、智力减退、行为失常等现象。

哪个当父母的不疼爱自己的儿女？但是值得一提的是，爱，不是溺爱，溺爱会养成任性、自私，也不可宠爱，宠爱造就骄横、残忍，既不利于智力的正常发展，又会把孩子宠坏，俗语说："宠猪上灶，宠囝不孝"；特别是当今的"小皇帝"，许多是饭来张口，衣来伸手，偏爱养育成四体不勤、五谷不分的歪苗。疼爱要爱到是处，适到好处，才能如愿以偿。

怎么给孩子以爱呢？把爱寓于动情、晓理、疏导之中。当孩子遇到挫折、困难乃至失败或恐惧时，要给予安慰、温情，使之心理得到平衡，然后帮助分析原因，吸取教训，提高信心。孩子丢失了心爱的东西，要劝慰，不要责怪；孩子考试成绩不好，要鼓励，激发信心；孩子做了错事，要疏导，启迪改正的勇气等。当孩子有了成绩，做了好事，哪怕是微小的进步，也要用爱的力量去鼓舞，诸如不挑食、整理好自己的书包、帮忙扫地等，都要及时表扬鼓励，激发其上进心。因为孩子做了好事，被赞美之后，会渴望再做其他好事，争取更大的成绩。此外，要与孩子沟通思想，尊重他的爱好和兴趣。要听孩子谈他自己的想法、遇到的问题，而且要专心地听。还要多给孩子讲故事和科学知识，吸引孩子去探索和发现"新大陆"，寓爱于教之中，使孩子的智力得到健康发展。

爱具有神奇的力量，在爱的作用下，孩子会产生求知欲，激发探索欲和创造欲，产生克服困难的勇气。爱是智力的激发剂，心理健康的营养补品。年轻的爸爸妈妈们，请您用爱的雨露去滋润孩子纯洁的心灵。

《泉州晚报》

1989.2.7

家居污染与儿童健康

随着人口的增长，土地资源承载力的需求愈来愈紧张，人们住房建筑不得不向空中发展，摩天高楼与过去庭院式平屋住宅比较，人待在室内的时间更长，尤其是幼童，几乎有 70% 以上的时间是在屋子里度过的，所以居室污染对幼童健康影响颇大。家庭污染除来自外部大气中有害物随尘埃渗入外，还由于以煤为燃料所产生的二氧化碳、二氧化硫、一氧化碳等多种有害物质的增多和烹调时产生的气味；现代建筑材料采用了各种聚合物，影响房内空气的臭氧离子综合体而起有害作用；从砖、石、混凝土和自来水中散发的放射性气体氡；此外，吸烟更是室内空气污染的元凶。

家庭噪音污染也是一大祸害。随着生活水平的提高，家用电器日益普及，由此造成的噪音污染和电磁污染不可忽视。家用电器中的洗衣机、电冰箱、电风扇的声响是 40～60 分贝，收录机、电视机的声响为 50～80 分贝。据有关部门抽样测试，许多家庭里的噪音达 70 分贝，有时竟高达 100 分贝，这就大大地超过了我国规定的居民噪声标准（白天 50 分贝以下，夜间 40 分贝以下），严重影响身心健康。

噪声污染不仅影响听力，还对人体的其他系统产生不良影响，诱发疾病。特别是幼儿，机体抵抗能力差，更容易受到噪音的危害，易引起睡眠不宁、夜间啼叫，精神萎靡、食欲不振、消化不良等症。还会使幼儿内分泌功能紊乱，影响智力发育。

为了儿童的身心健康，要尽量避免家庭污染，让孩子生活在安静舒适的环境之中，健康成长。

《泉州晚报》
1990.6.19

雨季谈霉变

春末夏初，冷暖空气交汇在江南上空，彼此旗鼓相当，势均力敌，是时乌云滚滚，电闪雷鸣，阴雨连绵，室内外充盈水汽。在这期间器物、食品等容易发生霉污，人们称为"霉雨"季节。

我们知道，霉菌的生命力颇强，它在 0～10℃ 的冷库和 40～50℃ 的烘房中亦能生长；当气温在 25～30℃、相对湿度在

80% 以上时，极易繁殖。雨季的气候条件可使霉菌产生、繁殖得很快，霉菌成熟后大量的孢子随空气飘逸散布，附着在食物及其他物品上，然后萌发菌丝迅速蔓延，使之发霉甚至腐败。

霉菌中的黄曲霉群中的腐生真菌能在发霉的粮食、粮食制品或其他霉腐有机物上很快生长，而黄曲霉菌分泌出的黄曲霉素对人体健康有很大的危害。黄曲霉的某些菌株会产生黄曲霉毒素，如黄曲霉 B_1 的毒性比剧毒的氰化钾大 $50 \sim 100$ 倍，它是一种强烈的致癌物。凡是霉变的食品切勿食用，严防病从口入，癌由霉生。

此外，另有一小部分霉菌可引起人与动植物的病害，如头癣、脚癣及番薯腐烂病，也应引起注意。

《泉州晚报》

1988.4.13

"精神凌迟"

"精神凌迟"，或可以说是精神压迫，是个精神卫生问题。在管教孩子的问题上最糟糕的是"精神凌迟"，即动辄就对孩子采取训斥和咒骂，甚至是"一记耳光"。

据澳大利亚儿童医院的医生称，他们对经常遭受辱骂的儿童和因发育不良而住院的儿童进行观察、研究，结果发现那些常受辱骂的儿童与发育不良的儿童一样，智商较低，身体发育缓慢。古人道："良言一句三冬暖，恶语伤人六月寒"。对孩子来说，更须"三冬暖"，最怕"六月寒"。

"精神凌迟"糟糕之处是：损坏了孩子的自尊心和天真活泼的

纯洁心灵，窒息了孩子的良好天性和天真烂漫的好奇心，使情绪紧张抑郁，心理情态惊恐悲伤，结果导致了孩子孤独、胆怯、怪癖，影响身心健康，摧残智力发育。

要让孩子聪明，就要疏导启迪，把孩子的心扉打开。天真的孩子爱提各种各样的问题，有些父母就觉得啰唆；小孩对各种事物常常表现十分好奇，有些父母却不予理睬，动不动就是一句："小孩子懂什么"、"小孩子有耳无嘴"等扫了孩子的兴，或者说是精神打击；其实孩子的好奇心是十分可贵的，如少年大学生宁柏幼年时就十分好奇，他的祖母天天耐心细致地教育，创造了良好的心理活动氛围，使他从小就学到许多知识，智力得到健康发展。

古时以"严父出孝子"作为座右铭，有以偏盖全之嫌。家教过分严厉的家庭，往往使孩子畏缩不前，在事业上不可能有重大的建树。相反，那些童年时期不受不应有的约束，能自由发展的人，倒有可能在日后的事业上取得较大的成功。父母教育子女，要因势利导，讲究精神卫生，给孩子提供充分的"精神营养"—温暖、欢乐的生活环境，切忌"精神凌迟"。

《泉州晚报》
1989.6.13

抹布的卫生

抹布，有人也叫擦桌布。其实不仅用它擦桌，而是锅台、锅盖、几桌、菜橱、碗筷等等，什么都擦。总认为这些东西，经过抹布这么一擦，就变成了是干净的，但这却很不科学。

请注意！抹布必须是干净的，才能把食具、用具等擦干净。因此，首先应当讲究抹布的卫生，这是起码的卫生常识，如果抹布本身不干净，却适得其反。平常里，一块抹布，眼睛看上去是干净的，其实不见得，它也可能是很脏的。举例来说，化验结果表明，一只没有洗净的手沾有 4 万～ 40 万个细菌；一克指甲垢里隐有 38 亿个细菌和卵块；一张一角钱的钞票沾有细菌多达 240 万个。这些，我们的眼睛是看不见的。由此可以想到，一块不干净的抹布该沾有多少细菌呢？数目是无法估计的。或许是个天文数字。所以，我们对抹布的清洁与否，必须重视。要使它成为清洁卫生的工具，绝不能使它成为传播细菌的污物。不然，抹布就可能使餐具等擦而不净，甚至是擦而更脏。有一天你害了病，还不知道病因是由哪里起的，很可能就是抹布惹的祸。

为此建议：要选用毛巾或干净的布块做抹布；各种抹布要分开使用，如擦碗、筷、汤匙等的抹布，不要再用它擦锅台、锅盖、饭桌、碗橱……抹布每次用过后应该洗净，最好用开水煮一次；有条件的可每天进行一次高压消毒。抹布用过洗净后，应当晾干或在阳光下晒干。小小抹布也得大做文章，切勿东扔西丢。如果能坚持就这样做，必定大有益处！

《侨乡科普》
1985.11.22

举杯当思

众所周知，随着人们生活水平的不断提高，酒已成为一些人不可缺少的"生活伴侣"和"精神享乐"。古话说，无酒不成席，节日喜庆，朋友欢聚，小酌助兴，人之常情。诚然，少量饮酒，可舒筋活血，消除疲劳，裨益健康。因此，节假日、工作之余，喝上两盅，倒亦有一番乐趣，自然是无可非议的。

然而，过量饮酒，一醉方休者，实不可取。李时珍说："饮酒不节，杀人顷刻。"因为酒中含有乙醇，是一种有一定毒性的麻痹剂，大量饮酒，会损害人体的神经系统和内脏器官。通常人体内 100 毫升血液中酒精浓度超过 600 毫克时，就有毙命的危险。历史上，因嗜酒丧生者，不乏其人。据说，号称"酒中仙"的李白，因酒醉后，不慎跌入江中溺死；清代大文豪曹雪芹，常是"举家食粥酒常赊"，也终为嗜酒病亡。诸如，"不怨糟糠怨杜康"的悲剧，古今中外也不乏其例。再说，猜拳行令，吆三喝四，是酗酒闹事酿成祸患的原因。手指一比，忘乎所以，讲大话，比海量，赌输赢，结果，有的醉倒如泥，贻误大事；有的癫癫疯疯、丑态百出；有的头脑发热，寻衅滋事；有的秽言斗殴，造成犯罪……实践证明，大量饮酒，不仅无益，反而有害，酗酒闹事，招来祸患，悔之莫及！

古人饮酒有"饮人、饮地、饮侯、饮趣、饮禁"的饮法讲究，意思是说，饮酒要因人、因地、因时而异，要注意雅趣，防止暴饮，这是值得借鉴的。同志，为着您的健康幸福，为着您的文明形象，为着维护机关秩序和人际关系，切切不可攀比"海量"，醉了说没醉，烂醉如泥，乐极生悲，请君举杯当思！

《山腰盐》

1989.6

黄金分割与健美

　　黄金分割，亦称"黄金律"，"中外比"。黄金分割是古希腊数学家毕达哥拉斯之作，代称为0.618，比值约为3：5或5：8。即把一根线段分为长短不等的a、b两段，使其中长线段a与整条线段的比等于短线段b与长线段a的比，即a：(a+b) =b：a，其此值为0.16180339……这种比例在造型上既恰当又悦目，因此，0.618又被称为黄金分割率。黄金分割是数学宝库中一颗光彩夺目的明珠，应用很广，其中在建筑、设计、绘画、造型艺术、工艺美术及日用品的长宽比例等，能提高美学价值，犹如锦上添花，令人悦目。例如令人刮目相看的欧洲金星女神杰作，就是希腊的雕塑家深谙黄金分割之奥妙，设计制作的。足见，"黄金律"价值胜黄金。

　　黄金分割与体型健美有何相干呢？有人曾研究，取人体肚脐为分割点，其上半身（从肚脐至头顶）是全身长的0.382倍；下半身（从肚脐到足底）是全身长的0.618倍。例如一个人的身高为1.7米，则上半身应是0.382×1.7=0.6494米，下半身应是0.618×1.7=1.0506米。如果实际量得的结果接近此数，则身材基本匀称。研究还指出，到了成年后，一般身高与体重的较佳比例也可借鉴黄金分割加上基数10来表示，如身高为1.7米，则体重的计算方法为：0.618×170+10=114.06（市斤[①]），所以说，有的人虽然个子偏矮一些，但如若体高、体重比例适当，身材匀称的话，应该认为是健美的。

　　虽然，一个人的身高、体重与遗传和地理环境等客观因素有关，可是后天的影响也是非常重要。例如，过去被人冠上"矮种"的日本人，由于近代物质生活和文化生活的提高，目前日本年轻人平均

---

① 市斤：市制单位，1市斤=0.5千克。

身高比 20 年前高出 10 厘米，身体素质较好；同时，日本人的平均寿命已跃居世界之首。大量科学研究表明，改善饮食结构，合理摄取营养，特别是成长期的适当营养，以及加强体育锻炼等，不但可以弥补"先天不足"，使人体型趋近黄金分割比例，长得匀称、健美，而且能益寿延年。

《侨乡科技报》
1988.5.21

荧屏卫星云图

气象卫星遨游在成千上万千米的高空，卫星上的探测器对地物和云象的辐射进行扫描，并把信号传到地面，经接收站的技术处理、校正，制成云图照片，并在电视屏幕上显示彩色卫星云图。从屏幕云图上，我们可了解地球大气中云系、天气系统中气旋、锋面，以及灾害性天气台风、冰雹等的位置、强度及其生消演变情况。

卫星云图分为可见光云图和红外云图两种。可见光云图亦称电视云图，它是利用云顶在阳光照射下反射的辐射强度拍摄而成的；红外云图是利用直接接受云的红外辐射的办法成像的。根据热辐射定律，温度高图片黑度大，温度低图片颜色较白，所以在云体上表现为黑色（陆地）背景的白色图案，深色为海洋、湖泊、森林、牧场等，浅色的为云层，一般云层愈厚愈白。从结构上看，云区中呈现有纤维状的多是高层的卷云；一团团密集的较亮的云区，多为底层的层积云。纹理光滑的表示云顶较平坦，云的厚度差异少，多为层状云；相反，纹理粗糙、多皱纹的表示云顶高度差异大，云厚不一致，多为积状云。从形状看，云区边界呈圆形的属于台风、冷涡云区；云区呈带状的属于锋面或急流云区；云区边界一侧清楚，一侧不清楚的多是积雨云云区。

一般彩色云图上，红色表示高温区域，蓝色表示海洋、水系，绿色表示森木植被，赫黄色表示陆地，山岭，白色表示云或烟带，而洁白色的云层表示雷鸣电闪或大雨倾注，暗黑色表示晴天无云，螺旋状云团中的黑点为台风中位（台风眼）位置。

《福建科技报》
1989.3.17

TORCH 综合症与优生

TORCH 综合症是现代医学上的一个专用代名词。"TORCH"是一组传染性病原体英文名称缩写首字字母的组合。其中"T"是弓形虫，"R"是风疹病毒，"C"是巨细胞病毒，"H"是单纯疱疹，"O"即是指其他病原生物，如乙肝病毒、柯萨奇病毒、梅毒螺旋体等。胎儿如受到这些病原体中的任何一种的感染，都会出现雷同的损害和致畸，在围产医学中称为 TORCH 综合症。

1. **弓形虫**。弓形虫是一种广泛寄生于多种动物有核细胞内的原虫，能引起人兽共患的弓形虫病。该病对人类健康最大的危害即是造成胎儿先天性的弓形虫感染。受感染的孕妇，除自身患病外，还会通过胎盘将病传染给胎儿，引起先天性弓形虫传染病，从而导致流产、早产、死胎、胎儿畸形、新生儿窒息，或出现其他的并发症。据报载，全世界约有 5 亿～10 亿人受到弓形虫感染，我国受弓形虫感染的危害也很严重。因此，积极预防弓形虫感染是优生工作中一个重大问题。

弓形虫具有寄生虫的双宿主性、两相发育生活周期。猫是弓形虫的终宿主，在猫体内可完成其两相生活史，卵囊随猫的粪便排除后，通过不同的途径传染给人类，所以说猫是弓形虫病的主要传染源，具有重大的传染性。因此，孕妇不接触宠物是预防先天性弓形病的重要措施。此外，接触或进食含有传染性包囊的未煮熟的肉类也是受感染的主要渠道，因此，要做好预防。治疗该病可用磺胺类药品，但对胎儿可能有害，须谨慎用药。目前认为，螺旋霉素是治疗该病的首选药物，可有效控制先天性弓形虫感染的发病率。对已治疗的孕妇监测乃呈阳性者确定胎儿受到感染者，应终止妊娠，是为上策。

2. **风疹病毒**。风疹病毒是风疹的病原体，一年四季均可发病，以冬春两季发病率最高，并可流行。该病多为隐性感染，症状轻微，常被人认为是一种无关紧要的小病，不为人们所重视。但如果感染早中期的孕妇，由于病毒可通过胎盘垂直传播，即由母体形成的病毒血症通过胎盘屏障感染胎儿而致畸形。风疹病毒对胎儿的危害主要表现为怀孕期感染可造成死胎、自然流产或导致先天性风疹综合症：即出现先天性白内障、耳聋、先天性心脏病、脑膜脑炎、小头症、智力发育不正常等。

风疹病临床症状不重，一般以对症治疗，对急性感染者可注射胎盘球蛋白或丙种球蛋白，同时服用抗病毒药物治疗。中医认为风疹是外感风热时邪发于肌表所致，可用疏风清热透邪等法治疗。其预防措施一是要避免与风疹病人接触，二是要对易感孕妇接种减毒的风疹病毒活疫苗，但这种疫苗有一定的毒性，在接种后一定要避孕 2～3 个月，以免在孕早期致畸。如能确诊是孕早期感染者或中期发现胎儿畸形时，应中止妊娠，以达到优生原则。

3. 巨细胞病毒。 巨细胞病毒系疱疹病毒一类。属非流行性感染，人是巨细胞病毒的唯一宿主，是引起先天性感染的主要病原体。先天性巨细胞病毒感染又称宫内感染，当孕妇感染时，病毒可经血液到达胎盘直接进入胎儿体内引起先天性巨细胞感染，怀孕早期感染可导致胚胎发育异常，从而引起流产、早产、死胎及畸形等；晚期感染会导致神经系统及智力方面的损害。有的出生后即出现先天性缺陷，有的待 1 ～ 2 年后开始发病，引起中枢神经系统功能障碍，如耳聋、智力低下等。此外，胎儿经产道出生时，吞咽含病毒的宫内分泌物或出生后与感染病毒的母亲密切接触，特别是吸允含病毒的乳汁而受到感染，此为后天感染的主要原因。

人类受巨细胞病毒感染颇为普遍，多呈亚临床不显性感染或潜伏感染。而且感染后虽可形成免疫，但病毒并不真正消失，而是潜伏于人体一些细胞、组织内继续生存，一旦人体抵抗力下降，潜伏的病毒就会再度活跃繁殖引起复发感染。妊娠本身则是诱发感染的重要因素，对胎儿威胁很大，巨细胞病毒感染途径主要为口腔及性接触，病毒主要存在于咽部、唾液腺、宫颈阴道分泌物、精液、乳汁及血液中，属于一种性传播疾病。因此，孕妇应尽量少出入公共场所避免与患者接触，减少性生活，有感染的产妇不宜给婴儿哺乳，以免引起后天感染。该病目前尚无特效药物可治疗，一般还是用抗病毒类药物治疗，或与丙种球蛋白联合用药。因此早期诊断，早期终止经确诊感染的怀孕，乃是可采取的有效措施。否则，悔之莫及。

4. 单纯疱疹病毒。 单纯疱疹病毒是一种球形的外包囊膜的脱氧核糖核酸病毒，有诸多类型，对人类危害最大的主要是 I 型和 II 型。患了该病即有传染性。I 型主要通过分泌物与易感人群的密切接触、输血及胎盘产道的感染；II 型感染主要是通过性生活传播，属于性传播疾病之一。孕妇患病后，病毒由血液经胎盘传染胎儿，也可经生殖道上行侵袭胎盘感染胎儿，而给胎儿带来不同程度的危害，出现小头畸形、小眼、视网膜脉络膜炎、脑软化，以及早产、流产等。医学研究表明，新生儿单纯疱疹病毒感染中有 80% 以上是因破膜上行性感染或分娩过程中引起感染，出现脑炎脑膜炎、肝脾肿大、血小板减少性出血症、脑发育不全等，甚至死亡，如幸免者也往往会造成残疾。因此认真筛查孕妇，注意产程卫生，是防治新生儿感染的积极措施。

防治本病一是要洁身自爱，注意卫生，防止受传染；二是要早期检查诊断，及时治疗。凡产妇感染时，新生儿要注意隔离及监护；凡早期发现胎儿感染时，应当终止怀孕。治疗该病主要用阿昔洛韦、无环鸟苷、病毒灵、病毒唑等抗病毒药物，同时还可用丙种球蛋白、干扰素等结合治疗以增强机体免疫功能。另外，配偶也应同时治疗。

以上几种病毒及其他如乙肝、梅毒、柯萨奇病毒等的感染，会对胎儿或新生儿造成多种危害，也影响孕妇的身心健康，严重威胁着优生优育人口素质的提高。因此，婚育青年在婚前和怀孕前后，要进行优生监测，对 TORCH 感染进行常规筛查，根据情况采取相应的防治措施，是生育一个健康聪明孩子的保证。

《侨乡科技报》

1999.11.16

动物世界 八
Dongwu shijie

夏话蚊子

夏季是蚊子猖獗肆虐的季节。它不仅咬人吸血，影响我们学习、工作和睡眠，而且传播疟疾、丝虫病、流行性乙脑炎等多种疾病，危害匪浅。北宋诗人王令在《昼睡》诗中道："蚊虫交纷始谁造，一一口吻如针锥。嘬人肌肤得腹饱，不解默去犹鸣飞。"蚊子不但吮吸人血，还嗡嗡鸣飞示威，令人深恶痛绝。

据科学家考证，蚊子早在两亿年前，就已在热带地区繁衍，而后逐渐蔓延至全球。蚊子种类繁多，全世界有3000多种，我国已知的有200余种，其中与人类疾病直接相关的蚊种有三大类：库蚊、伊蚊和疟蚊。吸血的是雌蚊，雄蚊靠吸取花草、果汁生存，所以雌蚊常栖身在室内阴暗处，雄蚊却多数栖身于草丛中，幼虫（孑孓）生活于水域中。

蚊子的繁殖速度很快，在适宜的气候条件下，从产卵到成蚊，只需一周左右，而一只吸血后的雌蚊可产卵 70 ~ 500 个。阴沟"死水"是蚊子孳生的地方，所以消灭蚊子，首先要清除它生长的地方，疏通沟渠，清除污水，铲除杂草、赃物，然后喷药灭除。时值夏令，要积极做好灭蚊、防蚊工作，搞好卫生保健，保证身体健康。

根据遗传学原理，利用蚊子生殖细胞的胞质不亲和性，杂交不育染色体的倒位、易位、半致死因子的特性，大力开展遗传防治，将会大有作为，造福人类！

《泉州晚报》

1986.8.8

蚂蚁与天气

　　自然界里的万物都与气象条件有着密切关系。在不同的天气、气候条件下，各种生物有不同的物象反应。有些生物对天气变化，尤为敏感，比人类"先觉先知"，从而改变其活动规律和生活习性，出现一些异常现象，是预测未来天气变化的依据之一。北宋文学家苏轼在《惠崇春江晚景》中说："竹外桃花三两枝，春江水暖鸭先知，蒌蒿满地芦芽短，正是河豚欲上时"就是描述了这种物候现象的科学道理。

　　蚂蚁是一种洞穴生小昆虫，成群在湿润阴暗的地下、洞里筑巢穴居，既怕旱又怕涝。它对气压反应很灵敏，然而，气压又是引起天气变化的主宰因素之一，故蚂蚁对天气变化有比较明显的反应。当天气将要转坏时，气压下降湿度增大，加上在气压降低时，巢穴底下原来被压积的恶浊气体，亦乘隙而出，使洞穴中的空气更闷湿恶劣，因此，蚂蚁纷纷离开巢穴，跑出洞外吸取新鲜空气，有的蚂蚁还采取"垒窝"、搬迁等抗御"水涝灾害"。

　　长脚黑蚂蚁"垒窝"。在天气将要转阴雨前，一部分工蚁外出觅食，行动显得忙碌紧张；大部分工蚁则扩大巢穴，向上挖土，搬到洞口周围垒窝。垒窝愈高、下雨愈大，并在雨前二三小时，把洞口全部封死另开一斜口通气，雨后由工蚁把洞口重新打开。另外一种情况是蚂蚁出洞口后，行动急急忙忙，一字形，衔着白籽（俗称蚂蚁咬卵）相争由低向上爬行，爬得愈高，下雨也愈大。

　　黄丝小蚂蚁"搬家"。这种蚂蚁在天气变化时。较少垒窝，多见"搬家"现象。当湿度增大，气压降低时，它们由低处往高处搬家，在搬迁时有时也衔着"白籽"忙碌往返；有时成群结队，堆成一线横拦在路上，则预兆一二内天气将转阴雨，往上搬迁的愈高，雨量则愈大；如果在下雨暂息还未完全转晴时，尚见它们继续匆忙结队搬迁，说明未来天气将有一段久雨，雨量也会较大。当它们向下搬迁时，说明天气将会好转；如果搬向河边近水处，则预兆未来可能出现旱情。

黄色飞蚁扑灯。黄飞蚁也叫"大水蚁"，它栖身于湿暗的洞穴或腐朽木材的缝隙、孔洞里，当天气闷热，气压下降时，使之深感湿闷，纷纷飞出洞外活动，但天黑以后还是不愿回到那过分湿闷的巢穴，并向灯光投扑，预兆未来一二天内天气将转阴雨；如果连续二三天出现这种现象，则将会有一场较大的降水过程，俗语说："飞蚁扑灯，大雨将临"，说的就是这个道理。

《侨乡科普》
1985.9.23

趣话蚊子

夏天的晨昏，大队的蚊子成团地在一二米高的低空盘旋飞舞，发出嗡嗡的声音。你可知道这种"蚊市如云"的秘密吗？原来，这是它们在举行"集体礼典"，昆虫学的术语叫做"婚飞"。

我们知道，绝大多数动物的配婚是雄性追求雌性的。可是，蚊子恰恰相反，可以说是"娘子好求"。当雄蚊腾空后，雌蚊循声前往，主动追逼交配；或雌蚊成群飞舞，不断震动翅膀，发出轻微、尖锐的"轻音乐"声波，殷殷娇痴，招引雄蚊应声前来成亲。

"蚊市如云"也说明将会出现雷雨天气，因为夏天天气闷热，产生雷雨时，积雨云中气流对流强烈，使电场发生改变，而蚊子对电场特别敏感，活动显得特别活跃，雌蚊也本能地飞出叮人吸血，这就是谚语"蚊子恶咬人，有雨在眼前"所说的道理。雄蚊是吃"素"的，多栖身在草丛之中，靠吸取植物的汁液生存，雌蚊是吃"荤"的，它躲在室内阴暗角落，见机行事，吸叮人畜血液，损人而利己。

雌蚊是怎样查找血源的呢？据科学家研究，人血中的氨基酸与乳酸结合时，生成一种被称为"复合氨基酸混合体"的物质，这种物质与汗液的"胺"结合，生成了散发着诱蚊气味的"三甲胺"。科学家还发现，雌蚊的触角长有两类毛：一类是长毛，和听觉有关，另一类是短毛，具有二氧化碳和湿温感受器的作用。在人体的体表周围有一层湿温对流气流层，"三甲胺"通过气流散发，蚊子由短毛得到"信息"而飞向人体，疯狂地刺吸血液。

人们采取多种手段捕杀蚊虫，近代根据蚊子的求亲习性，美国科学家研制了一种和雄雌蚊声波频率相同的音叉，使大批雌（雄）蚊误入"情网"，触杀在电子杀蚊诱捕器的高压电网上进行捕杀。科学家又进一步研究了"遗传灭蚊法"，专门开设一种培养不育雄蚊的工厂，对人工培养的雄蚊，进行适量的射线照射，使其精子的染色体紊乱，失去生育能力，然后大量释放，让这些施行过"绝育手术"的雄蚊于其雌蚊交配，从而使蚊子断绝后代，以达到彻底消灭蚊子。

相信，随着现代科学的发展，人类彻底消灭万恶的蚊子的一天，一定会尽快地到来。

《侨乡科技报》
1987.5.21

海蜇趣谈

海蜇，又名水母，系腔肠动物门，钵水母纲的动物，是一种生命周期短，再生能力强的暖水性动物。海蜇的上伞部（蜇盘），隆起呈馒头状，下腕部（蜇脚）的吸口周围缺裂成许多瓣片的触手，用来摄取藻、虫及浮游微生物，部分进行细胞外消化后吸入各分支管，进入胃腔。在碧海里漫游的海蜇，靠上伞部的反复伸缩和下腕部的辅助漂摇来推进或浮沉。海蜇没有眼睛，可是它的腔体内，常有小鱼、小虾附着，与其共生，反映敏捷的小鱼虾，能为"瞎子"海蜇站岗放哨，每当外界有异物骚动或"天敌"来侵，立即窜入伞部腔体内隐蔽，从而触动海蜇的感觉器官，遁没深处，一同免遭伤害。因此有"海蜇以虾为目"的说法。"出没沙嘴如浮罂，复如缁笠绝两缨，混纯七窍俱未形，块然背负群虾行。"宋人沈与求的这首海蜇诗，把海蜇的形态、习性讲得具体而形象。

海蜇是一种营养价值很高的鲜美佳肴。含有较多的蛋白质、糖分、无机盐和多种维生素。将海蜇用明矾、食盐腌渍处理，脱去水分，吃起来鲜脆可口。是一种不可多得的特色名菜。海蜇可以入药，具有消炎排浓、降血压、化热等功效，可治疗气管炎、哮喘、胃溃疡和高血压等疾病，还有抑制癌症的作用。

海蜇除供食用和入药外，另有一招鲜为人知的警报风暴的本领。原来海蜇长着一只特殊的"顺风耳"，耳朵内有一块小小的"听石"。当有风暴发生之际，由于空气和波浪发生摩擦，产生次声波（8～13赫兹），其传播速度要比风暴快得多，所以每当风暴来临之前，次声波首先冲击海蜇耳朵中的小听石，刺激其神经感觉器官，便会立刻离开岸边游向深海中，这一现象等于海蜇向我们发出风暴将要来临的信息。对此，人们根据仿生技术，设计制造了接收 8 ～ 13 赫兹次声波的风暴警报仪。它是一种能够准确测风暴的现代先进科学仪器。

《侨乡科技报》

1987.12.7

老鼠的听力

老鼠在我国地支纪年中坐第一把交椅。印度教中视为神祇的骏马，甚至有供奉老鼠的神庙。但老鼠虽小而危害大，乃"阴类恶物也"，不仅糟蹋粮食，毁坏作物，咬坏物件，酿成事故，特别是传染疾病，危及生命，罄竹难书，人们对其深恶痛绝。这里只就老鼠的特异本能，闲聊，趣之！

老鼠超群的听力，是人类的 5 ～ 8 倍，听觉的最高灵敏度比人类的最好听觉灵敏 100 倍。老鼠虽是"鼠目寸光"，但能从鼻孔发出各种各样的声频和超声波，并以巧妙的方式形成尖锐的 8 发射波束，和蝙蝠一样，具有运用回声辨别方向的功能，凭声呐器官能准确地辨别 50 米以外物体的形状、性质、结构和位置；能在漆黑的夜晚，敏捷地穿过复杂的"迷宫"，还能机智地躲避一切障碍和各种威胁。所以，它能肆无忌惮地到处捣乱破坏，而人们难于徒手捕捉；如果"斗智"，有时还真拿它没辙，只好让其溜之大吉。

老鼠动作轻巧灵活，嗅觉敏锐非凡，思维分辨能力出类拔萃。它能分辨食物中百分之一的异味，对物品的形象记忆力长达一周之久，因此诡计狡猾。老鼠还有一对没齿根而终生长的门牙，坚如钢铁，啃咬能力强，破坏性很大。然而，老鼠从事侦探破案，比警犬的鉴别能力还胜一筹，特别适宜于在火车、轮船、飞机上侦探易燃、易爆等危禁物品。此外，人们还以老鼠的反常活动，预报地震的发生。

《福建科技报》

1996.2.1

说　狗

农历甲戌年即将到来，戌在十二生肖中属狗，故俗称"狗年"。

狗年说狗，本意要赞狗、颂狗，企求吉利，但翻翻案头上的字典，世人贬狗之词甚多，如狗腿子、狗头军师、走狗，乃谴责坏人的帮凶者；狗血喷头、狗仗人势，乃指穷凶极恶者；狗苟蝇营、狗彘不如，乃喻卑劣无耻者；还有狗嘴里吐不出象牙，狗改不了吃屎的本性，都是骂坏人的常用词。

狗即犬。清经学家郝懿行解说："狗犬通名，若对文，大者名犬，小者名狗。"狗是人类最早驯养的家畜之一。迄今，世界上许多国家仍有养狗的习惯，热衷于养狗为荣者首数美国，狗成为美国人饲养的主要宠物。据估计，美国有狗狗几千万头以上，在许多城市里设有狗医院、狗服装店、狗餐馆和狗寄存处等，真可谓无奇不有。

狗的嗅觉极其灵敏，能嗅辨出200多种不同气味的东西。美国有只名叫"波碧"的柯利狗，在印第安那州离失后，利用嗅觉的辨认，经过6个多月的寻觅，行程3200多千米，终于找回老家。经训练的狗可狩猎、缉盗、救人等，为人类服务、造福。

我国在1700多年前，就有利用狗传书的事例，现在国外还有用狗当信使的。在第二次世界大战的苏德战争中，当德军几千辆坦克杀气腾腾，长驱直入之际，苏军组织数百只军犬敢死队，它们身系炸弹，避过战火，钻到德坦克的腹部，一举炸毁德军坦克300余辆，立下赫赫战功。在瑞士的森贝拿尔，长毛大狗长年累月在海拔 2000 米的阿尔卑斯山脉充当救生勇士。每当暴风雪来临，成群结队的狗便奔向茫茫的雪原，救援遇难者。有只叫"巴利"的公狗，一生救援了 40 多个遇难的人。有一次，它把深埋在雪堆里的一名士兵救出，并用自己的体温为其取暖，但遗憾的是，这名士兵苏醒时因惊骇误伤了"巴利"，此后，"巴利"被送进了驯养它的修道院医治，才放弃了救援生涯。出类拔萃的狗不乏少例，英国利物浦有只名叫珍妮林德的猎犬，在一个半小时内捉咬 500只田鼠，称得上捕鼠英雄。目前，军犬已成为一种特殊的"兵种"，独当一面，在全世界受到重视。

说狗，切莫忘记防治狂犬病。这是由狂犬病毒引起的一种人畜共患的急性传染病，病人有怕风、兴奋、瘫痪等症状，因喉头痉挛不敢饮水，故又称"恐水病"。狂犬病毒对神经组织有强大的亲和力，病毒先在伤口局部少量繁殖，当病毒侵犯到脑组织时，引起充血水肿和弥漫性炎症，病人呈极度神经兴奋的状态而致狂暴和意识丧失，最后全身麻痹而死，发病者无一幸免，令人"谈狗色变"。有些地方，狗患成灾，不得不开展灭狗活动，有的地方正在采取措施，严格控制养狗，即使经批准饲养的少量家犬，也要加强管理，定期接种疫苗，如发现病犬，务必果断捕杀，以除祸患。

《泉州晚报》

1994.2.3

说　鲨

　　鲨鱼食性贪婪、残忍，称海里一霸。人类捕获到最大的鲨鱼长达 23 米，重有 5 吨多；迄今发现有 300 多种鲨鱼，我国约产 70 多种，其中最让人恐怖的是白鲨鱼，身长约 11 米，牙齿锋利，血盆大口，能吞掉大海龟，还会潜入滨海浴场袭击游泳者。

　　鲨鱼眼睛高度近视，3 米之外的猎物视而不见，它凭靠身旁的"小伥鱼"当"向导"，能在海洋中迅速游动、准确攻击猎物。

　　鲨鱼在地球上生活已有一亿八千多年，长期以来，人们认为它很愚笨，但生物学家研究发现，鲨鱼的脑子发达，能储存信息，并把信息传到运动神经系统，所以反映比较灵敏，捕获它并非易事。研究还提示，鲨鱼身上从未发现过恶性肿瘤或严重传染病，表明它体内有某种可活跃其免疫系统的物质，一旦分离出这种化学抗体，将为人类突破防癌难关开辟新的途径。

　　鲨鱼经济价值高，除供食用外，肝可制鱼肝油，皮可制革，骨可制胶、鱼脑、胆固醇；鳍干制成鱼翅，唇部干制成鱼唇，吻软骨干制成明骨等都是名贵食品，一句话，鲨鱼全身皆宝。

《圭峰文化研究》
1999.9

话　蟹

"身穿铁甲衣，十指如剪支，胸中藏琥珀，口吐夜明珠。"这则谜语把蟹形容的淋漓尽致。蟹，种类甚多，常见的有河蟹、梭子蟹、青蟹、鲟等。它相貌丑怪，头、胸、腹连在一起，八肢矫健，一身硬甲，刺棘锋利。一双大螯是摄食的工具，又是御敌的武器，能夹扁竹筷，铰碎瓷匙；中间三对足紧抓缝隙时，任凭狂风巨浪冲击，泰然不动；用后一对足划桨，十个足配合横行沧海之中，巡游峭壁之上，横冲直闯，进退自如，其势威武，令人退避三舍。"未游沧海早知名，有骨还从肉中生，莫道无心畏雷电，海龙王处也横行。"唐文学家皮日休的诗，从描述蟹的特性喻赞英雄豪杰。

蟹的营养价值高，味道鲜美含有大量蛋白质、脂肪，以及碳水化合物、维生素 A、核黄素、多种氨基酸和糖、钙、磷、铁等。秋冬季节是旺产季节，俗语说："十二月虾姑，正月蟹"，这时的蟹肥美、鲜嫩、香醇，堪称筵上珍品。"味尤堪荐酒，香美最宜橙。壳薄咽脂染，膏与琥珀凝。"这是宋代诗人陆游对蟹的赞美。可见，古时人们对蟹就十分赏识。

据《本草经疏》载：蟹性寒，味咸，蘸醋食补骨髓，滋肝阴，清热解毒，舒筋活血。蟹具有攻毒、散风、消积、行淤等功用。将壳煅灰研末冲米汤服用，可治妇女月经过多、功能性子宫出血、乳腺炎、食积腹胀等；蟹壳粉和蜂蜜外敷，可消肿止痛，治跌打损伤等。但中医认为，凡脾胃虚寒、时感、外邪未清、痰嗽便泻者，均应慎食。此外，据报载，从蟹壳中提取一种叫做"壳质类肝素"的物质，具有抑制癌细胞转移的作用，为人类治癌又辟一个途径。

雄孕动物——海马

海马，亦称"龙落子"。它名不符实，是鱼非马，属鱼纲，海龙科。体形像虾而侧扁，淡褐色、灰白色或土黄色，全身外包固质的环状硬壳，一般长 10 厘米左右。吻成管状，鳃孔裂缝状，尾细长能蜷曲，扇动背鳍作直立游动。头与躯体成直角，形似马头，可能因此得名。海马的双眼能分别单独旋转，这一绝招在动物界中除避役外再难找到第三者。

众所周知，动物的"生儿育女"是雌性所为，然而海马却与众非同，其怀孕和分娩均由雄性完成，它既当"爸爸"又当"妈妈"。原来雄海马尾部腹下两侧长有皮质的育儿囊，雌海马产卵时，把卵子产在雄鱼囊中，再由雄海马进行体内受精，受精卵在海马育儿囊内着床后，胚胎与其内壁密布的微血管相连，吸取营养，发育生长。雄海马育儿囊的口子经常微微启闭，使胚胎能从外界得到足够的水分和氧气等。待怀胎满期，长成小海马时，就开始分娩。届临产前，将尾巴紧紧地蜷住海藻或飘浮物上，然后收缩肌肉，使身体一仰一伏地活动，每当仰起时，囊口张开，"婴儿"便安全降生。

据科学家研究，雄海马承担孕娩的原因：一是在小海马独立生活前，得到更好的保护，以免遭受天敌的伤害；二是让雌海马加速繁殖能力。雌海马的繁殖能力很强，每年可产卵 10～20 次，每次产卵 30～300 个。

海马主要栖息于热带海中，我国沿海均有出产，而以海南较多。全鱼可供药用，有健身、催产、止痛、强心、补肾等功效，被誉为"南方人参"。

《侨乡科技报》
1987.8.8

鱼死不瞑目的传说

俗话说，羊死目不闭，而鱼死也同样是眼睛张得大大的。鱼死不瞑目，相传有个神奇的传说。

从前，有个贪得无厌的刁渔霸，一贯损人利己，村里的人对他恨之入骨，最终众叛亲离，败落到穷途末路的地步，不得不去打鱼求生。

一天，他到江上网鱼，从早到晚不见鱼影。迨至黄昏时，有个拄拐杖的老者在岸边呼喊搭渡，他抬头望了一眼，垂头丧气地说：我若能打到一条鱼，就给你摆渡。

闻此言，老者提起拐杖朝网里一指，渔霸果真网到一条大鱼，但他言而无信，说要再捕到一条鱼，才能为之摆渡，只见老者复又一指，又一条大鱼上网了。

这时，老者恳切地说：这下该替我摆渡了吧！然而，这个刁贪渔霸出尔反尔地说，要凑足十条鱼，才能替他摆渡。老者明知是要无赖，仍忍气吞声，用拐杖七指八划，霎时间，渔霸一网捞上八条大鱼，乐得手舞足蹈，暗暗庆幸好运气。

此时，他仍不满足，还想撒网，但见天色已晚，该收网回家的时辰，而岸上老者又一再催促摆渡，转念一想，打起敲老者竹杠的鬼主意。待他上船后，故意在江中兜圈子，最终靠岸后，奸诈地说：今天是晚渡，要加倍付钱。划一桨一两银，刚才划了八百桨，要八百两银，老者忍气吞声，如数付给银两。

且说，老者上岸后，把拐杖往船舱一指，眨眼间篓里的鱼全部跳入江里，那些银子也变成亮闪的鱼鳞。渔霸傻呆了眼，气急败坏地直跺脚，乱嚷嚷，老者却在岸上嘻嘻笑道：你这打鱼人，贪心无度，这是对你的惩罚，若要发财，除非鱼儿闭上眼。说完一挥手，不见了踪影。

原来这老者是八仙中的铁拐李。因为神仙神言，所以，鱼死后也不闭眼了，而贪婪的刁渔霸，也永远不会发财的。

《圭峰文化研究》

1999.9

墨鱼何号"乌贼"？

墨鱼体内有一墨囊，囊内有浓黑的墨汁，当遇敌犯时，能迅速喷出"烟幕弹"，染黑四周海水，便能逃之夭夭，溜之大吉，人们称它"乌贼"。

据宋代周密《癸辛杂识》中说，从前有些人，为诈骗他人财物，用墨鱼腹中的乌汁当墨水来书写借条、契约、债款之类的文字凭据；这种字据到了相当一段时间后，纸上的笔迹会全部退得干净无余，成为白纸一张，从而达到谋取他人款物的目的。后来人们把这些使用诈骗术的赖账者，称为"借贼"，故墨鱼也因此蒙受不白之冤，而外号"乌贼"。

《圭峰文化研究》

1999.9

由来之说 九

Youlai zhishuo

物体为何叫"东西"？

　　东西泛指一切物体。《南齐书·豫章王嶷传》写道："百年复何可得，止得东西一百，于事亦济。"《儒林外史》也有"这都是别人家的东西，不要弄坏了"等词语。可见，自古以来物体称为"东西"，这是妇孺皆知的词语。为什么把物体叫"东西"呢？这里有一个鲜为人知的典故。

　　我国宋代著名的理学家朱熹，一天在街上碰到他的朋友盛温如，问道："你上哪儿去？""买东西"，盛温如不假思索地回答说。朱熹觉得他这答话饶有风趣，便问："为何说买'东西'，不能说买'南北'吗？"盛温如根据金、木、水、火、土五行与东、西、南、北、中五方相配偶的道理对朱熹解释说："东方属金，西方属木，凡属金、木之物可盛装，南方属水，北方属火，篮子是装不了水火之物的。"东西（金、木）可买，南北（水火）买不得。

　　后来，人们相沿成习，只说买"东西"，而不说买"南北"。

《泉州晚报》

1986.9.5

"蜜月"溯源

　　"蜜月"一词是由外国舶来的，欧美国家称婚后的一个月为蜜月，虽不是"中国产"，而现如今成了我们耳熟能详的常用语。

"蜜月"，顾名思义就是甜蜜之月，指新婚后的第一个月。

古时候爱尔兰有一种风俗，在男女新婚的喜庆之夜，本部落族内首领要为他（她）们举行赐酒仪式，赐用喜酒是以蜂蜜为主要原料酿制而成的，叫做"蜂蜜酒"。这一风俗不仅为新婚夫妻庆贺志喜增添欢乐，而且还有深远意义，因为蜜蜂勤劳、团结，是一种深受人们爱惜的小昆虫，而蜂蜜甘美甜润、香气浓郁、质地清净，表示夫妻婚后情投意合，生活幸福美满；另外，蜂蜜酒润肺补中、解毒滑肠、有强身保健增强活力的作用，表示长辈对年轻一代的关心和爱抚。新婚之夜喝过蜂蜜酒之后，新婚夫妇于第二天就开始为期一个月的愉快的旅行生活。这种风俗相沿成习，代代相传，人们就把新婚男女喝蜂蜜酒以及婚后一个月的甘美生活，称为度"蜜月"，并为世界上很多地方所效法，传播蔓延。

《泉州晚报》
1986.7.11

奖杯与酒杯

奖杯是体育运动比赛中，发给优胜者的奖品。一般用金属（金、银、铜等）制成。奖杯形似酒杯，那么，奖杯与酒杯有联系吗？答案是肯定的。奖杯不仅与酒杯有联系，而且还有一段关于从酒杯演变为奖杯的来历。

古代英国有位国王叫爱德华，他精明能干，善于治国理政，也因此得罪了一些人。有一次，爱德华在宴会上接受敬酒时，被一名刺客刺死，举国上下，大为震惊。从那以后，英国人每逢宴会开始时，就用一只特制的大酒杯盛满酒，让席上的宾客，依次饮上一口酒，以表示对这位国王的纪念，久而久之，这种习惯成了英国上层社会的一种礼节。特制的大酒杯称作"爱杯"；后来这种"爱杯"又被当做敬献给贵族的一件重大礼品。在一次运动会上，有位贵族为了表示对其获胜者的赞赏，就将一只"爱杯"赠送给冠军获得者。这一举动被人们视为对冠军获得者的最高奖赏，从此之后，人们便相继效仿这种奖励办法，并形成习惯。目前世界上设计的各种各样的奖杯，尽管大小不一，造型各异，但仍始终保持其酒杯形状之特征。

《泉州晚报》
1986.6.13

"六一" 国际儿童节

"六一"儿童节是全世界儿童的节日。国际民主妇女联合会为保障全世界儿童的权利，反对帝国主义战争贩子对儿童的虐杀和毒害，于 1949 年 11 月，在苏联莫斯科举行的国际民主妇女联合会上，决定以每年 6 月 1 日为国际儿童节。

新中国成立前，我国自 1931 年起，根据中华慈幼协会的建议，把每年 4 月 4 日作为儿童节，然而，旧中国不但没有也不可能给孩子们带来幸福和快乐。少年儿童同样受到各种各样的残害。新中国成立后，党和人民政府十分关心儿童的心身健康，号召全社会为儿童的健康成长创造良好的条件，并在法律上规定保护儿童的合法利益。1949 年 12 月，中华人民共和国中央人民政府政务院作出规定，每年 6 月 1 日为我国的儿童节，因此，国际儿童节即是中国儿童节，让全国的儿童和全世界其他许多国家的儿童一起，欢欢喜喜庆祝自己的节日。

《泉州晚报》
1986.6.1

国际护士节

5 月 12 日是国际护士节。英国女护士南丁格尔，生前为护理工作和护士教育事业作出了巨大贡献。1850 年在德国学习护理，1854 年她曾经在俄国里米亚战争中率领 30 名护士赴前线为伤病员服务，建立医院管理制度；1860 年在英国的圣多马医院创办了世界上第一所护士学校，推动了西欧各国以及全世界的护理工作和护士教育的发展，著有《护理工作记录》等。国际护士学会为了纪念这位护理工作的先驱和护士教育事业的奠基人，将她的生日——5 月12 日规定为国际护士节。

我国的护理工作，远在 1200 多年前的一些医学书籍中就有提及，如孙思邈的《千金方》中曾详细论述了妇女与小儿疾病的医治与护理，王焘的《外台秘要》中也有关于禁止带菌人进入产房和"不得令家有死丧或污秽的人来探亲"等护理制度的规定记载。新中国成立后，我国护理事业和护理工作的学术活动发展很快。目前，护理专业已成为我国医学领域的一门专业科学，护士是医疗卫生工作中一支不可缺少的重要力量。

护士是医嘱的具体执行者，又是观察病情的哨兵。实践证明，护理工作在医疗卫生工作中起着举足轻重的作用。新中国成立后，党和国家十分重视和关怀护理事业。毛泽东同志曾两次亲笔为护士题写了"护士工作有很大的政治重要性"和"尊重护士、爱护护士"的题词。邓颖超同志一直担任着中华护士学会的名誉理事长。护士，为国家和人民立下汗马功劳，人们尊称为"白衣天使"。全社会要支持护士工作，尊重护士，爱护护士。向"白衣女战士"致敬。

《泉州晚报》

1986.5.7

"乔迁"的由来

"笑语声声欢庆乔迁喜。"人们多用"乔迁"一词庆贺搬迁新居之喜。是何道理呢？

"乔"者、"高"也，《书·禹贡》中曰："厥木惟乔"；迁既迁移。"乔迁"就是向高搬迁的意思。"乔迁"一词出自《诗·小雅·伐木》所载的"伐木丁丁，鸟鸣嘤嘤，出自幽谷，迁于乔木。"句中引来。"乔木"指高大的树木；"乔迁"意思是说，鸟儿飞离深谷，迁到高大的树木上去。也就是说，原在阴暗狭窄山谷底下的鸟儿，一跃而上升到高大的树顶，得以饱览明媚宽敞的新天地，顿然心花怒放。被视为理想追求得到实现的表现，自然欢悦而庆贺。后来，人们就以"乔迁"或"迁乔"，庆贺迁居新屋之喜。

此外，古时调动官职称"迁"，泛指升职，即"升迁"。如《汉书·主父偃传》载："偃数上疏言事，迁谒者、中郎、中大夫，岁中四迁。"故官职升迁也称为"乔迁"。唐诗人张籍就曾在《赠殷山人》诗中称:"满堂虚左待,众目望乔迁"。这里所谓的"乔迁"就是指官职的荣升。

《螺阳乡讯》

1990.2.20

泉州的"木偶戏状元"

泉州提线木偶戏历史悠久、驰誉中外。这里讲一个流传在泉州民间的"木偶戏状元"的故事。

据传,明代嘉靖年间,有一个叫梁炳麟的秀才,几次上京赴考都名落孙山。又一年考期将临,他邀好友一起到九鲤山仙公庙去求仙梦占卜。梁秀才点过香烛,烧罢纸钱,就伏在香案桌上,片刻间觉得在恍惚中,"仙公"拉着他的手,在掌心中写了"功名在掌中"五个大字。梦醒时,梁炳麟反复揣摩其意,心想这明明是告诉我:功名成就握在手中,认为这期科举定能考中,便欣然赴京应试。但是,待到发榜那天,又是榜上无名,使他十分扫兴,怅然地踏上归程。途中怏怏不乐,步履艰难,觉得无颜返回故里见亲人、朋友,便毅然改变主意,决定就地在街头巷尾以说书卖艺谋生。但是一个"秀才官"在大街广众面前抛头露面有失雅观,而且面子上又放不下来自尊心,于是他采取"垂帘说书"的办法,让听众只闻其声,不见其人,免得贻笑大方。

有一次,一位提线木偶戏老师傅在帘外听他说书,觉得这位不曾照面的说书人,语言流利生动、讲得绘声绘色,十分赏识。事后找到梁炳麟，建议和他配合手提木偶，边说边表演，这样就能使故事内容既形象又传神，并传授给他木偶表演技艺。这种有表演动作的说书，显得更新颖、更生动，活灵活现，吸引了广大观众的兴趣。从此，梁炳麟的声名大振，人们称他为"木偶戏状元"，并在群众中传开。后来，他那位老朋友见到他，谈到当年在仙公庙占卜的情况戏谑地对他说："那年九鲤仙公指点'功名在掌中'，你这'状元'岂不正应占卜吗？"

泉州的提线木偶戏艺术，源远流长，造诣深湛。其实"功名在掌中"说的是提线木偶戏的成就全在于掌中的功夫。而所谓的"仙公"指点之说自然是无稽之谈。

《泉州晚报》
1986.8.6

姓氏之源流

姓者，统其祖考之所自出；氏者，别其子孙所自分。

姓氏是一个氏族的标志，也是血统的标志。古时候，姓与氏的定义不同，姓是标志家族系统的称号，氏为姓的支系，是贵族标志宗族系统的称号，用于区别子孙之所由出生。

《通志·氏族略序》："三代之前，姓氏分而为二，男子称氏，妇女称姓。氏所以别贵贱。贵者有氏、贱者有名无氏……姓所以别婚姻，故有同姓、异姓、庶姓之别；氏同姓不同者，婚姻可通，姓同氏不同者，婚姻不可通。三代之后，姓氏合而为一，皆可以别婚姻，而以地望明贵贱。"秦汉之后，姓氏不别，或言姓，或言氏，或兼言姓氏。

顾炎武《月知录》卷二十三"氏族":姓氏之称、自太史公始混而为一。

熟知，人类在原始公社制社会，性生活没有章法和约束，因此，一个人出生后"只知其母，而不知其父"。随着社会的发展，人们逐渐认识到近亲生育的危害，于是出现了"姓"。当时的姓只是一个部落的名称，作为与其他部落的区别，避免近亲繁衍。在当时母系氏族社会，是女人有姓而男人有氏，世系从母系计。到了父系氏族社会，男子在经济生活和氏族公社中起支配作用，由夫从妻居，变为妻从夫居。后来子女从父姓。由于人口繁殖迅速，一个部落一个姓已不能满足社会活动的需要，同部落中一些处于重要地位的男子需要有符号作为标志，于是出现了氏。如黄帝称有熊氏，少昊称金天氏，颛顼号高阳氏、尧号陶唐氏，等等。但那时还未形成固定姓氏，因而出现了同胞兄弟而不同姓。《史记·五帝本纪》载:"黄帝子 25 人，其得姓者 14 人。"黄帝有 14 个儿子，却有 12 个不同的姓。这是由于当时按居地不同取姓的原因。历史变革、姓氏亦发生变化，后来氏成为对已婚妇女的称呼、常于其父姓之后系"氏"，或在夫姓与父姓之后系"氏"。

历史上有以下形式取姓:(1) 以地名为姓;(2) 以图腾为姓;(3) 以族号为姓;(4) 以国名为姓;(5) 以食邑为姓;(6) 以官职和职业为姓;(7) 以上辈的名字或封号为姓;(8) 以排行和辈份为姓;(9) 是外来民族引来的姓;(10) 被通化改姓等。

姓氏各是人们的一种记号、出自源宗世系、或其他特定涵义。

《泉港方志》

2009.5.18

"三寸金莲"

"三寸金莲"，是封建社会缠足（或称"裹足"，也叫"缚脚"）妇女的雅称。

民传，缠足从商朝妲妃入宫开始，这在古戏剧情和宫庙壁画中有所体现。史载，妇女缠足起于五代，南宋盛行，元明回落，清光绪风靡，延展到 20 世纪 30 年代，是时，福建泉州惠北的峰尾、肖厝等地妇女缠足陋俗也相当普及，妇女缠足比率逾 95%，可谓"众多足小"，被称为"缚脚村"，流传有"肖厝娘子沙格脚，峰尾娘子金缚脚"等诸多美谈。峰尾诚平后山村有位妇女到 20 世纪 40 年代才解开"缚脚"，这算是缠足史上的最后一例。

宋宫记载，唐后主李煜，善书画，知音律，在碧落宫内凿金为莲，令宫嫔李宵娘，着彩色舞衣，小足白绫缠绕，做新月状，纤细屈上，外罩素袜，在莲花台上翩翩起舞，如凌虚之志飘然，后主与周后连声喝彩，喜乐陶陶。此后令歌姬缠足，以分尊卑，后来传至民女效之。从此，缠小足逐渐形成气氛，雅称"三寸金莲"。

封建社会以"三纲五常"为治国安邦大法，以"三从四德"为妇女懿德闺范，极力推行缠足，还以缠足与否分尊卑，以缠足大小定丑美，俗话说，缚脚缚脚礼，赤脚（天足）见人都俏礼。小足者受人艳羡，得宠青睐，所谓"三寸金莲不出门庭"，褒为"小姐"；大足却遭人歧视，低贱嫌弃，戏作"雉鸡遍地跑"，贬为"贱婢、丫头"。在封建社会如果没有缠足，妙龄靓女，也被视为"上身观音妈，下身草鞋妈"。官宦富户，非缠足女不娶，百姓人家，唯缠足女是求，引以为荣，因此，缠足成为婚姻大事，决定妇女命运的重大问题，故有"缚脚会遇好老公，赤脚（天足）落得满山'捞'"之说。

足饰穿着讲究色彩图绣靓丽，青春妇女内衬"脚白"，外缚紫兰或金黄色鞋布带，鞋面刺绣莲花、寿春等，素装彩裹，妩媚娇妖。

史有缠足禁令，太平天国的《天朝田亩制度》中，规定严禁妇女缠足，《中山全书》中载有严禁妇女缠足的制度，民国也曾发动妇女放足，但效果不佳。新中国成立后，开展妇女解放运动，反对封建礼教，提倡男女平等，缠足陋习再不死灰复燃，广大妇女彻底解脱封建枷锁，走上新生活，为建设社会主义新中国顶起"半边天"

圭峰文化研究会

缠足摄影展"前言"

2007.12.07

文苑浪花

Wenyuan langhua

雨的抒怀

三十多年过去，寒来暑往，朝朝暮暮，为了探索大自然的奥秘，在长期观测风云变幻的实践中，我和雨结了不解之缘，不知为她倾注了多少激情和心血。真的！我爱雨，爱得那么执著，那么痴诚。雨，时刻在我的心弦上颤动着她那美妙动人的音符。

淅淅沥沥，嘀嘀嗒嗒，下雨啦。每当她降临的时刻，我总是情不自禁地扑向窗前，跨出门槛，迎上去，亲吻她——尽管案头的工作是那么紧迫，电视屏幕上的节目是那么动人；尽管爆竹一声除旧岁，合家团圆，正待共进晚餐——说一声久违了，一见如故地投入她的情怀，让她把我紧紧地拥抱。清凉、纯净、甘润的雨珠，洒在我的身上，沁入我的心脾，使我百虑尽消，精神为之一振。

雨啊！她原是地面上的水，在阳光的照耀下，蒸蒸向上，到了一定高度的空间，遇冷凝结，聚集而成为无数的小水珠——我们从地面望上去，一团团，一朵朵云霓，绚艳绮丽、变幻万千。云腾致雨，云霓随风飘荡，水珠由小而大，于是千颗珠玑，万条银线，若断若续、纷纷扬扬，洒向人间，顿时天地之间像挂满了无数的珠帘，随之，一曲造福人类的伟大乐章，淅淅沥沥，嘀嘀嗒嗒，在江河上，在原野中，抑抑扬扬地展开了它的优美旋律。

好雨知时节，雨，雨啊！

——她在春天，飘若游丝，绵绵不已。我爱她润物细无声的品性，她给大地以盎然生意，她把人间装点得春色满园，给人们带来了无限希望。一场春雨，万象更新。

——她在夏天，迅猛凌厉，滂沱而来。我亦爱她倒泻江河的气魄，她把人寰的污流浊水荡涤殆尽，她给万物带来勃勃生机；不是吗？试看，雷雨过处，层林尽染。

——她在秋天，潇潇洒洒，清新宜人。我又爱她光明磊落的风度，她把世上的无端烦恼一一洗尽，她敲响了万类霜天竞自由的鼓点，一夜秋雨，漫山红遍。

——她在冬天，款款而来，匆匆离去。我更爱她默默奉献的精神，她把大地的创伤裂痕悄悄治愈，她给天涯花草以奋力拼搏，待来明年的信心，雪莱说："冬天到了，春天还会远吗？"

雨水相因，她和阳光、空气一样重要，没有雨，生命将会涂炭；没有雨，人类就无法生存。是的，我爱雨，而且居然爱得那么执著，那么痴诚。我对她有着无限的激情，我也从她那里获得巨大的动力，她使我懂得了生活的真谛——痛痛快快，下到凡间，渗入土地，汇入大海，与万物同生发，随江河共奔流，潇洒坦荡。

然而，雨，她有时也会淘气，也很任性，可爱之余也可恼！都说"恨也是爱"，她或不以时而下，"犹抱琵琶半遮面"，千呼万唤不出来，使之赤地千里旱成灾；或不一而止，严如一匹脱缰的野马，易难放收，从而洪涝为患。因此，重要的问题全在于：明雨情、识雨理、知雨性、化雨弊、趋雨利，扬长避短，因势利导。所以，立足今天，要认真耕耘播雨，准确预测风云；放眼未来，更要掌握呼风唤雨驾驭天时的本领。

我爱雨，更爱终生为之奋斗的气象工作。

《福建气象》

1987.11

教师节的感想

星移斗转，新学年开始了。我们又迎来一个新的教师节。新中国成立前，虽然定 6 月 6 日为"教师节"，但有名无实。旧中国的教师是被人瞧不起的"教匠"、"教员巴"，学校是被戏谑作"翰林窟"。"翰林窟能入不能出"。那时教师的生活寒酸，颇受轻蔑、奚落，社会地位低下。新中国成立后，教师受到人民尊重，社会地位不断提高。1951 年，教育部和全国教育工会商定，废除旧教师节，与"五一"国际劳动节合并，使广大人民教师成为工人阶级队伍中的一员。令人扼腕痛心的是，在"左"的路线影响下，特别是林彪、"四人帮"鼓吹"知识越多越反动"，大破"师道尊严"，把教师视为"臭老九"，列入另册，教师的权益横遭践踏，教师的声誉毁坏殆尽。党的十一届三中全会以后，经过拨乱反正，尊师重教之风吹拂。1985 年 1 月 25 日，全国人大常委会六届九次会议决定，9 月 10 日为全国教师节，公布了"义务教育法"，给教师增加工资和评定职称等。毋庸置疑，教育工作确已提到一定的战略地位。

教师是人类灵魂的工程师，他们站在奉献的岗位上，从事献身的事业，孜孜不倦，呕心沥血，勤奋耕耘，为国家培养造就人才。他们教会音乐家"da、re、mi"；文学家的"b、p、m、f"；数学家的"+、-、×、÷"……无论是谁，尚能功名成就，无不始于教师的启蒙、指引。他们创造性的劳动，使青少年从无知到有知，从少知到多知，从多知到系统地掌握渊博的科学知识。他们用知识垒起坚实的臂膀，让无数学家名人从自己肩上过去、上去……默默无闻，鞠躬尽瘁。

但是，许多地方或部门仍然存在歧视教师的现象，有的为了应付上级要求，装潢门面（即"遵着上司"），口头上讲几句耸人听闻的漂亮话（即"重叫"）这叫做"遵司重叫"，实际上教师的地位没有得到真正提高，况且随着商品经济的日益发展，劳动产值的相对提高，物资价格的上涨，教师的收入非能攀比。因此，教师弃教另谋出路、"跳槽"现象不断发生，大有愈演愈烈趋向，而知识无用论又沉渣泛起，严重地影响教师队伍稳定，这种情况务必引起足够的重视。这除了要加强对教师的思想政治工作，提高教师自身素质，树立为国家分忧，继续发扬人们美誉的"蜡烛"、"春蚕"的奉献精神外，对教师的工作、学习、生活等应多加关心照顾，多给一些"优惠"，使"太阳底下最光辉"的职业，受到人们青睐，以巩固、提高、稳定教师队伍，促进教育事业发展，使"尊师重教"蔚然成风。

古人说："国将兴，必贵师而重傅；国将衰，必贱师而轻傅"。笔者认为此言极是，各级领导和读者诸君，以为然否？

《惠安教育》
1988.9.1

海盐（外一首）

你是一粒不显眼的小盐粒，
却敢遨游大海中汲取营养；
你不稀罕悠闲优厚的龙宫乐趣，
甘愿痛苦地忍受骄阳的热烤。

喧嚣的潮流从你身边往返，
滚滚波浪锤炼了你的筋骨，

一步一个脚印向大地挺前呵，
一点一滴输向生命、化工、国防、医药……

呵，海盐——生命的哨兵，
你战斗的风姿遍布在方方面面，
当你默默消融离去，
宇内，仍然萦绕着你的灵气……

卤水

卤水是最痴情的，
深深爱恋憨厚的盐滩。

卤水是最高尚的，
时时浓缩升华把自己提纯。

卤水是最坚强的，
不畏鱼人化般的煎熬。

卤水是最无私的，
毕生把洁白无瑕的美梦编织……

《中国盐业》
1996.3.20

盐　颂

　　盐，拼命地吮吸了大海里的琼浆玉液，怀着满腔热的执著追求、乘风破浪奔投到母亲的怀抱，倾泻其赤子真诚深情。

　　盐，勇敢地背弃那龙宫的悠闲，宁愿在热烤的痛苦中煎熬，在鱼人化般中结晶骤生，从太阳里夺得了银灿灿的存折，奉送给人类，然后悄悄地融化而去！

　　盐，晶莹雪白，冰肌玉骨，她用坦荡的胸怀迎接潮起潮落，用凝聚的生命证实大公无私的精神。

　　我爱在盐的升华中思索，在盐的消化时反省，寻觅着纯净的灵魂，雕塑其"富贵而不淫，贫贱而不移"的情操；学习盐的纯洁品格，盐的坚贞信念、盐的精诚奉献、盐的坦荡胸襟……

《百源月报》

1993.10

渔民颂

　　一副黑里透红的臂膀蓄满着力量，
　　可将东海龙宫摇撼晃荡；

　　一双深邃明亮的眼睛闪射着光芒，
　　能在雨雾迷离中辨认航向。

身上插着劈风斩浪的帆樯，
跨怒海如履平川；

心中竖起刚毅信念的桅杆，
驾渔舟似闲庭信步。

撒出银网又布下金钩，
赢来明天的幸福和希望。

《圭峰文化研究》
1999.9

盐

愿受鱼人般的烘烤煎熬，
在升华凝聚中，
奋力索取；
不畏粉身碎骨般的折腾鞭打，
在分离消融中，
慷慨奉献！

《山盐科苑》
1989.6

漫步盐场（散文诗）

漫步在海边盐场，极目海滩外海天一线，俯瞰盐田明澈若镜，一种心旷神怡的情感油然而生。

海浪哗哗、海风沙沙、水泵隆隆、盐耙嚓嚓、盐铲噹噹共奏一曲悦耳的交响乐。

美的旋律在大地上空萦绕回响——

执著的追求在这里得到充分证实。

盐工挥动着粗壮的臂，从太阳国里捧回银灿灿的珍珠，高耸的盐坨平地起，别具特色的"南国雪原"，把大自然的风光，点缀的更加旖旎多姿。

白色的希望，是用汗水换来的丰碑。

银滩上难觅纤细、苗条、亭亭玉立淑女，因为细嫩皙白与阳光永驻，黑化了肤色，铸成倔强的烙印，风雨流逝的岁月中，雕塑奉献灵魂，希冀从这里得到实现。

漫步盐场，给我又有了新的灵感，一曲新歌又将谱成。

在这金秋收获的季节，对着成熟的硕果窃窃私语，明天一定更璀璨！

《百源月报》

1994.7.3

"春"字小议

"春"字根据"六书"的分类，是一个会意兼形声的字，它由两个象形符号的"屯"和"日"而组成。从甲骨文的写法上看，左半部的上部与下部,宛若两颗萌发茁壮的青草,则表示"春"字从草,右半部是个"屯"字,"屯"如植物初生,头顶处似种子破土而出的形状；左部的中部为"日"字,是太阳的象形,它表示"春"与太阳的密切关系,则旭日初长,春天伊始。两个符号组合一起的意思是：春回大地、阳光渐强、晒暖了草木的根部,而由于气温、地温渐升,草木始萌；"阳和启蛰,品物皆春"。

春回大地千山绿。我们的祖先,很早就发现,每当春天到来之时,阳光和煦,草木萌发,种子发芽,万物生机,于是由"草"、"日"、"屯"组合一起来表示春日,既象形又会意、恰到好处。

春是一年四季之始,草木自此吐绿绽翠,万物复苏、生机盎然。《诗经》载；"春日载阳",农民们需要"俶载南亩,播厥百谷"了。可见,"春"便是人们开始繁忙的大量农事活动的信息。

历代名人诗客以种种雅号别称来赞颂春光如：青阳、阳节、苍灵、三春、芳春、艳阳、青春、阳春、淑节、九春等。"一年之计在于春"让我们惜爱春天的大好时光,为一年的工作拉开新序幕！

《侨乡科技报》
1987.2.19

广场舞·老来俏

每当夜幕笼罩、华灯初上时，许多大姨娘、小姐妹，走出家门，到场子跳"广场舞"。大家跳得有滋有味，脚步轻盈，舞姿翩翩，充满热烈欢唱的气氛。如果村子里的男士也来加入，那就更"给力"，就会更令人刮目青睐。

有日晚间，笔者同老友取道"广场"时，他说，峰尾"小娘"也爱跳舞，真是"老来俏"。虽语带讥讽，有些逆耳，但反三思忖，却能悟到其间真谛。

老来俏是老年心理年轻态的本能表现，有益身心健康。据业内人士调查证明，有90%以上的老年人的心理年龄比他们的实际年龄要年轻10岁或以上。在现实生活中，有些老年人在闲聊时常说："什么时候还是个小孩子，不知不觉就变老了"、"一世大人、两世小孩"。这话一说明岁月过得很快，二说明"我还年轻"。有些老年人甚至追求"时髦"，恰恰由于这种"老来俏"给予老年人的心理快慰；医学科学家研究发现，人在心情愉悦时，机体会分泌有益的激素、酶和乙酰胆碱等活性物质，增加血液流量，振奋神经细胞，以及能调节脏器的代谢活动恰到最佳状态，并可增强免疫系统功能和抗病能力。这就是"老来俏"有益健康的奥秘所在。此俏应褒不该贬，年轻人还应为之"加油"，推波助澜，以营造良好氛围。

跳舞是人类历史上最早产生的文艺形式之一，源于劳动、生活与诗歌、音乐的结合，表达人们的思想感情，反映社会生活，具有宣传教化，构建和谐社会的作用。舞蹈经由"下巴里人"到"阳春白雪"的升华，并在不断创新拓展，颇受时代的欢迎和赞赏，是人们文化生活中不可或缺的重要内容之一，或许可以这么说：如果没有舞蹈生活显然是个乏味！

跳舞是以下肢跳动为主的全身运动，手舞足蹈时，身体的感受器把动作信息迅速准确传送到大脑，大脑中枢神经指挥手足等做出相应的协调的各种各样动作，这样不但增强神经系统，大脑皮质的反应能力和速度，同时在神经反射的过程中，大脑皮质的微血管扩张，血液循环加快，神经细胞也就得到更多的营养，所以说跳舞精神爽、体力强。然而，健康反又焕发"老来俏"的本能，相得益彰，使人"越活越年轻"，活力又再。跳舞既能增强四肢肌肉力量和髋膝、踝关节的灵活性，使步态轻快矫健，动作利索刚毅，防止衰老，延长寿命；又能对内脏器官的功能产生影响，使心跳加快，呼吸加深，胃肠消化加强，新陈代谢旺盛，效果比"黄金搭档"好，"舞功受禄"，预防疾病，提高健康水平。

广场舞使"闪友"成为知交，习舞时互教互学，增进友谊团结，练艺时互帮互助，培育团队协作精神，文与体共荣，陶冶情操，益寿延年。

"徒怀舞蹈之心，终愧清风之藻。"（萧纲《上皇太子玄圃讲领启》）来吧！跟着主旋律跳起来！舞起来！相约"老来俏"，以快乐为伍，向健康出发，让生活改变，打造幸福的明天！

《圭峰文化》
2011.9

象棋漫侃

琴、棋、书、画，堪称我国文化四大瑰宝，在世界上独树一帜，风雅品味的文化底蕴，出神入化的艺术造诣，是外国人所望尘莫及。

象棋作为智力体育运动项目之一，也是一项相当普及的群众性娱乐活动。贴近百姓，深受青睐。闲暇之时，棋友相邀，摆枰对弈，凝思斗智于暗藏杀机之中，运筹帷幄在楚河汉界之上，飞象跃马、运车打炮，你来我往，杀得不可开交，不亦乐乎！

话象棋必言其创始人、祖师爷的韩信。据说，楚汉战争时，刘邦派他攻占赵齐等地，时近新春佳节，士兵想家心切，于是发明象棋玩博，活跃娱乐氛围，笼络安定军心。然而，韩信发明象棋的来历，又有一说为"临刑传棋"：韩信为刘邦打败了项羽，建立汉室江山，因吕后作梗陷害投入狱中，后被杀害于未央宫前。狱中，有位叫卻孔的狱吏，对这位雄才大略的开国功臣，曾赐旨"上见天、下着地，不能斩韩信"的大将军竟遭此迫害而愤愤不平，在生活上给他特别的关照，一日三餐丰厚供给，两人成了知交。一天，黄门官进狱传旨称，韩信乃在监犯官，不得擅著兵法，因此，原先上奏要撰写兵书，上献朝廷、下传后代的意愿也就"黄"了，对此，卻孔十分惋惜难过，忽跪在韩信跟前洒泪恳求说，昏君听信谗言，不让你写兵书，请将军授我兵法，以传后代，为将军扬名。韩信反躬自问，推心置腹劝导："我韩信满腹韬略，如将兵法教你，恐怕也不得好下场，我不能连累好朋友。"但卻孔不以为然，心诚意决，使韩信松口应允。

翌日，两人席地而坐，韩信在地上画个大方框，中间标以"汉界、楚河"分割为二，两边各画三十六个小方格，分别在相应的位置上写有帅（将）、仕（士）、相（象）、车、马、炮、兵（卒）等字样的十六方小红（兰）纸片。卻孔诧异不解，韩信解释说，这框内是容纳千军万马的大战场，双军对垒，只要文武结合，上下一致，通盘筹划，能千变万化，叱咤风云，百战百胜，无敌天下，精通此道，兵法如是；这样既教你兵法又作游戏，倒也新奇，对外就说是"玩奇"，以免招惹是非。韩信卒后，卻孔辞去狱吏，在家悉心研究，可惜不谙真谛，结果兵法失传，"玩奇"流传。他削木为子，木代纸，"奇"

成"棋",布局像打仗,却非实战,故称"象棋",流传人世间。

韩信发明的象棋作意深长,"一纸分两洲,楚河汉界无水流。"棋盘的三十六方、七十二格,寓三十六计策,七十二般变化,棋拟楚汉相争,诚然,楚河汉界并非今扬子江畔的楚汉之地,而是在古代豫州荥阳成皋一带。当年刘邦迫项羽提出"中分天下,割鸿沟以西为汉,以东为楚",此为汉河楚界之说,如今在荥阳城北的广武山上又两座古城遗址,西边叫汉王城,东边叫霸王城,两城之间有条宽300多米的大沟,便是"鸿沟"。

中国象棋源远流长,博大精深。史载,早在春秋战国时代就有象棋,迄今有一千多年的历史,屈原在《楚辞·招魂篇》中,描述过楚王宫中斗棋的场面;西汉文学家刘向在《说苑·善说篇》中说齐国贵族田文"燕则斗象棋而舞郑女"。唐代好棋趣,宋时讲棋道,明朝兴棋诗。王安石《棋》诗曰:"莫将戏事拢真情,且可随缘道我赢,战败两套收黑白,一枰何处有亏成。"苏东坡《观棋》诗中"胜固欣然,败也可喜"等好诗句,不但棋趣横生,且心态超然豁朗,也给人一种艺术的享受。迨至明朝,科举中状元须著棋诗一首,如明惠帝年间,有首《宫廷棋诗》:"两军对敌立双营,作运神机决生死,千里封疆驰铁马,一川波浪东金兵,虞姬歌舞悲垓下,反将旌旗逼楚城,兴尽计穷征战罢,松萌花阳满旗枰。"这诗出自状元曾子启,时太子朱高炽和一首,高官毛伯温又续一首,许多人演绎棋诗,可谓棋诗一时成风。据民间神话传说,象棋可追溯至远古时代。古时候有个樵夫上山砍柴,遇见"南、北斗两仙"对弈,上前一旁观战,流连忘返,直至黄昏,才依依不舍地告别下山,两位大仙为感谢他侍候左右,陪伴助兴,也被他的"棋痴"所感动,觉得没什么犒赏,于心不忍,而凡夫俗子也不好诰封,于是赐他为"摩柯仙",有诗作证:"棋盘为地子为天,两色造化阴阳全;走到玄微通变处,笑夸当年"摩柯仙"。

象棋在民间甚为普及，历代长盛不衰。象棋易学、易懂，方便活动，妇孺老小皆宜，不论是平民百姓，或是宦贵人士，只要掌握"车直走、马跳日、象飞田、炮打隔山、兵卒一步、皇宫内踱"的口诀，便可棋场博弈，一试身手。但象棋是高智商的智力体育运动，学精难，懂深难，达到融会贯通，左右逢源的好棋手，难乎其难！正谓："楚河汉界三分宽，决策计谋万丈深。"泉港乃邹鲁之邦之誉，象棋活动相当活跃，每逢节日，象棋赛已成为既定的活动内容之一，各镇村都有许多象棋爱好者，佼佼者。

日前，圭峰文化研究会象棋社鸣炮揭牌，隆重成立，会上的精彩报告演说，博得全体社员拍手叫好。圭峰民间象棋传统由来已久，早在公元 1100 年前，南宋半壁江山偏安一隅时，海运通业空前，峰尾南北通津，帆船百艘，舳舻临岸，岸上棋馆茶店如林，船中象棋活动不可或缺，博弈名流，不乏其人，常有棋事趣闻。明江夏侯周德兴来峰尾建城时，兴趣象棋，常到东岳庙作客，见庙内棋声盈耳，路逢十客九流连，奕者布棋合理，阔而不疏，密而不足，深为感慨不已，赞曰：民间棋艺代有所传，圭峰商贸盛世两旺！

诚然，渔港象棋佳话故事多。话说道光年间，浙江沈家门有位老妪棋艺忒棒，棋谱精通，无人可敌，她孙女正处豆蔻年华，亦是象棋好手，平常由孙女着手执棋对局，并声称如有赢得了她孙女的，可娶其为妻妾。许多象棋好手纷至沓来，但一一告败而归。峰尾往浙渔航，擅长海业不自封，玩博棋艺善外求，当时有位船佬大上岸前往讨弈，棋枰一摆开，落子沉稳、步步进逼，小女子当仁不让，一再反扑，而船佬大却是"车马炮出击，将士相助战"。老妪一旁观局，见孙女处于被动，眼看一旦"军兵直入黄龙殿，逼出君皇万事休"，稍一闪失就要被将死；心想此局如是输掉，孙女就会被南人（指峰尾人）娶走，一误了孙女青春，二夸下海口贻笑天下。她心急如焚，却不能启齿明言，是时眉头一皱，计上心来，脱口说句俏皮话："什某孙此局若输，阿妈（奶奶）就要跳河去死"。孙女十分聪慧，心有灵犀一点通，便跃马过河，弃马入局；船佬大不知是计，提子吃马，两三回合后，出现逆转，经过一番棋峙，最后握手言和，围观者无不拍手称快！后来棋坛上便流传有"南让车，北让马，福建南人让车马"的佳话，足见，故乡棋艺不凡也！

　　文明有源，智慧无界。来吧！不妨也学学下象棋，既弘扬中华优秀传统文化，又陶冶情操，启迪智慧，增益健康。

《泉港文艺》

2009.1.30

论坛小议 十一

Luntan xiaoyi

试论生态资源保护的重要性

生态资源是人类赖以生存、生活和发展的基础，是决定人类以及自然生物命运的根本因素。人与自然生态关系特别密切，生死攸关；人与自然万物唇齿相依，息息相关。保护生态资源是促进人与自然的和谐发展和时代赋予人类的重任。生态资源保护首先必须尊重和维护自然环境为前提，以人与人、人与自然、人与社会和谐共生和发展为宗旨，强调人与自然环境的相互依存，相互促进，应当用生命的纽带把人与自然有机联系在一起；要像保护好自己的生命一样，保护好生态资源，科学利用生态资源。

我国哲学史上的"天人合一"观："与天地合其德，与日月合其明，与四时合其序……"赞扬人的道德行为要符合自然规律和社会规律，实现主客观的高度和谐一致。老子有句名言：人法地、地法天、天法道、道法自然。极力主张人们应当按照自然的原则去生活，做事应顺其"自然"。他还告诉人们：勿以人灭天。千万不要以人们的主观愿望和意愿去糟蹋大自然，践踏大自然，而是要按照大自然的本性、大自然的规律去改造和善待自然。人类不是大自然的"主宰者"或"统治者"，而是大自然家庭中的一员，人可以称是"万物之灵"，但绝不是"万物之主"，应该成为这个大家庭中的善良公民；大自然中的生物并不是人类的奴隶，禁忌"人类沙文主义"。自然是人类之本、人类之根，是人类的起点与归宿，所以人类不能凌驾于自然平等地位的基础上，实现与自然和谐相处。天长地久，人类才能实现"自由王国"的境地。

人可以成为最高级的生产者、创造者、但也可能成为大自然的最大破坏者。认真反思历史，自然环境、生态资源遭受破坏的原因，主要是人为因素造成的。人与自然的关系，反映着人类文明进步与自然生态演化的相互作用结果。

在原始社会，人与自然的关系主要表现为从属关系，敬畏自然，被动依靠，受自然庇护和统治，那时，人与自然暂时能够和谐相处。进入农业文明时期，人类在利用自然的同时，试图改造和改变自然，开始出现盲目性、随意性和破坏性的攫取生态自然资源，但以农家有机肥的传统农业生产结构，对环境自然基本上没有造成多大的危害，人与自然关系虽然出现了阶段性、区域性的不协调，但整体上保持和谐。到了工业文明时代，人类对自然依存的理念发生了根本性改变，大举"征服棍棒"，对生态自然资源采取掠夺和破坏，造成自然资源迅速枯竭、生态环境日趋恶化、能源危机、环境污染、水资源短缺、气候变暖、荒漠化，以及动植物种濒临或大量灭绝等等。特别是西方发达国家私利的欲望，走先污染后治理，先破坏后建设的道路，造成危机四伏。据报载，20 世纪的 100 年中，美国累计消费了约 350 亿吨的石油、73 亿吨钢、2 亿吨铝、100 亿吨水泥；人口不足世界 15% 的发达国家，目前仍消费了全球 50% 以上的矿产资源和 60% 以上的能源，而所排放大量的污染物，对全球生态资源环境安全构成巨大的威胁；不断向全世界扩张和掠夺，通过霸权、殖民统治等手段，从亚非掠夺资源的同时倾销产品，把这些地区限制在蒙昧的状态，少数发达国家在发财，全球人民在买单。西方国家工业化进程中，20 世纪前工业化污染虽是局部的，但所造成的"毒雾杀人事件"，也是令人触目惊心；20 世纪后，工业化向全球展开，生态危机蔓延，一些物种灭绝，人与自然的和谐陷入困境；到 20 世纪末，西方发达国家环境治理取得一定成效，但他们减少对本国资源的消耗，却更多地索取发展中国家的多数资源，并把污染产业向外转移，甚至输出垃圾，许多发展中国家身处发展和生态两难"双输"的恶劣环境。另一方面，挥霍浪费的西方消费观，为生态资源危机推波助澜，火上加油。资本的逐利天性，决定了其生产和物质消耗的无限扩张，市场竞争和生产的盲目性，导致极大地浪费，水果烂掉、牛奶倒入大海、大鱼大肉、米饭变成潲水，设备变成烂铜废铁……地球的垃圾场，污染多了，恶性循环加剧，生态资源匮乏将难于为人民持续供给保障，人类必须也只有更好地设计自己，保持理智的谦卑态度，改变唯利寻求对自然地无理控制，才能走上与自然和谐相处"双赢"的发展之道。

"同一个地球，同一个梦想"。人类是大自然的一员，起源、生存、发展于自然之中，人与自然是一个须臾不可分的有机整体，只有与自然和谐相处，才是人类发展的最根本，破坏自然就是损害人类自己，保护生态自然就是呵护人类自己，自然是人类永远的大地母亲养育了人类，有语道：知恩图报。要千方百计，尽责尽力地保护自然环境、生态资源的安全。要十分清醒的认识到，人与自然关系发展演化到今天，人类活动，特别是不明智的作为，给大自然受到了太多太多的伤害，到了自然环境的自修能力濒于崩溃的临界点，必须给自然有个喘息回复的机会，在尊重自然规律的前提下，充分发挥人的聪明才智，运用自然规律，以科学发展观去修复自然，创造在更高层次上实现人与自然互惠互利和谐的氛围，保护保持回复自然"原生态"。

人类文明的发展经历了原始文明、农业文明和工业文明，人与自然的关系呈螺旋式前进。人类持续发展的必由之路，就是要坚持以人为本，积极推进生态文明建设。生态文明是人类文明的一种新形态，以建立可持续的生产方式和消费方式为内涵，不断认识自然，适应自然，并不断修正自己的错误，改善、完善与自然的关系，获得持续和谐发展。建设生态文明，要改变人与自然关系的理念，不仅只是停留于传统意义上的污染控制和局部的生态恢复，而是要彻底改变"工业文明"的弊端，标本兼治，以保护自然为基础，以回复自然为方向，以改善自然为目的，探索生态资源科学节约型、环境和谐友好型前提下，需要大规模开发利用清洁的可再生能源，实现对自然资源的高效、循环利用，为人类服务，从根本上为人类制造良好生存和发展空间，形成人与自然互动互促、和谐发展的良好格局。

生态文明建设，是新时期环境、资源保护工作的基础和灵魂，是全人类共同要面对的问题和神圣责任，又是一项全球性工程，不是一个国家或几个国家（或地区）可以完成的，需要全球各国共同努力，均衡发展。所谓均衡发展，一是要把人类的发展控制在地球承载能力的限度内；二是要缩小发达国家与发展中国家之间的差距，实现人类的共同发展。人类真正意义上的生态文明就是最大程度克服人的异化、以尽可能小的自然代价，不掠夺剥削其他国家（反则可能的人道援助），同时以信息化的工业生态化为手段实现现代化进程。然而，要彻底改变资本主义的剥削性所决定其不可能放弃对自然的无节制夺取劣根，人类还要走很漫长的路子和付出不尽得努力。德国等欧洲国家在发达的工业文明基础上，虽然取得了本国之人与自然的较好的和谐相处，社会也比较公正和谐，资本的消极面得到一定遏制，但它们的人均生态资源消耗多于发展中国家许多倍，本国的资源根本无法维系其经济规模、生活水准、环保水平，资本仍通过全球化进行温情的剥削来维护的，根本未能践履全球范围的生态环境公正，充其量也只能是"残疾的生态文明"。建设生态文明社会必须坚持整体原则。地球上的所有生命都是自然大家庭的成员，各种生命之间不仅相互影响，而且还与地球构成密不可分的有机整体，人类虽然依据自己的聪明才智获得了巨大的生存空间，但离不开生态系统和其他生命的支撑及相互影响。环境污染没有国界，任何一个国家都不可能单独解决人类所面临的环境资源问题，而是需要其他国家同时采取相应的行动，否则无济于事。建设生态文明必须坚持公平的原则，包括人与自然之间的公平、当代人之间的公平，当代人与后代人之间的公平，依据人与自然协调发展的原则，考虑生态系统和社会系统的需要，综合考虑当代人和后代人所需要的可持续的生态环境和社会环境，在更深层次和更广的范围内采取协调行动，保护生态资源，共同应对全球环境问题的挑战。

我国是个发展中国家，在过去较长的时间内，基本上走了一条以国内资源为依托的传统工业化道路，在很大程度发展是依靠量的扩张，甚至以牺牲环境资源来换取发展的速度，尤其是 20 世纪 80 年代后，在经济飞速增长，工业化全面铺开的新形势下，由于信息化程度低，加上有些人曲解"发展就是硬道理"的内涵等，资源消耗剧增，一些地方盲目追求 GDP，搞所谓政绩形象工程，甚至片面效仿西方式消费追求，大吃大喝，腐败现象令禁不止，资源浪费，粗放城市化忽视环保配套，急功近利，负面印象凸现。20 世纪末，国内生态危机，愈演愈烈，大气污染、水源恶化、能源危机等，日益加剧。据报载，我国由于环境污染，造成直接经济损失每年达 2800 亿元；全国约有 1/3 的人的饮用水是不够安全的。2007 年 5 月发生的太湖蓝藻暴发，不能不引起我们对整个生态环境问题的警醒和反思。实践已充分表明，过去那种"先污染后治理"的道路，是典型的吃"祖宗饭"，不负责任的愚蠢行为，教训惨痛，代价昂贵。我们要继承中华民族的优良传统，将礼义仁智、天人合一、师法自然、自强不息、"己所不欲，勿施于人"、"天下兴亡，匹夫有责"、和为贵、崇尚和谐秩序等传统文化精髓赋予现代活力并发扬光大；避免西方国家存在的工具主义、社会达尔文主义发展逻辑，借鉴北欧等国家在生态环境保护经验，走新型工业化与生态文明统一的道路。

党的十七大报告把"建设生态文明，基本形成节约能源资源和保护环境的产业结构、增长方式、消费模式"作为全面建设小康社会的一项新要求，并明确提出要使主要污染排放得到有效控制，生态环境明显改善，生态文明观念在全社会牢固树立，为保护生态环境资源，实现可持续发展进一步指明方向，审时度势，高瞻远瞩，走上生产发展、生活富裕、生态良好的文明发展道路。

"绿色奥运"之梦，人类的理想，共同的追求。

福建省科协八届学术年会科普创作学术分会

2008.9

试论公民科学素质与科学发展

弘扬科学精神，传播科学思想，倡导科学方法，普及科学知识是提高我国民族科学素质和实施科教兴国战略的必由之道。而公民科学素质是衡量国民素质的重要标志之一。公民的科学知识、科学思想、科学世界观和崇尚科学精神是科学发展的重要基础。或是说，科学兴、民族兴，科学强、国家强，得科学者得天下，是当今世界发展的趋势。

全民科学素质行动计划纲要中指出，当前我国公民科学素质建设的现状仍不尽人意的主要原因，是我国科学技术普及长效运行机制尚未形成，科普设施、队伍、经费等资源不足；大众传媒科技传播力度不够、质量不高，公民科学素质水平不高，成为了制约我国经济发展和社会进步的瓶颈之一。社会经济的发展、教育和科普事业的发展、体制与政策的完善，传统文化等因素相互影响、相互渗透和相互作用，深刻地影响着人的科学素质发展。因此，加强科学技术普及工作，提高公民的科学素质，推进科学发展是率先实现高

水平小康社会的重要举措和基础性工作

一、影响我国公民科学素质因素的分析

目前，我国公民科学素质水平与发达国家相比差距还是很大，多数公民对于基本科学知识了解程度较低，在科学精神、科学思想和科学方法等方面更为欠缺，一些不科学的观念和行为尚普遍存在，愚昧迷信在某些地方较为盛行。影响我国公民科学素质，制约我国科学发展的因素是多方面的，但它们相互影响、相互渗透、相互作用，进而融成合力，共同影响着我国公民科学素质的提升和科学的发展。

1. 社会、经济发展状况对我国公民科学素质的影响

首先，经济基础是发展公民科学素质的重要条件。我国是一个农业大国，城市化发展仍处于较低水平；经济发展虽然一直保持强劲态势，但在世界知识经济格局中，总体国际竞争力仍然偏低。不同地区、城乡经济发展水平差距较大，农民收入增长缓慢，在其知识发展水平以及科技、教育投入等方面差异显著，严重制约着公民科学素质的提高。其次，经济社会背后中某些领导干部贪污、腐败、违背客观规律行政，甚至受到迷信思想的侵袭，信仰丧失、科学理性思想欠缺、价值观扭曲等不科学的工作方式，忽视生态文明，造成了重复建设，安全隐患的不断发生，造成社会资源的巨大浪费，付出巨大代价。这些因素影响或降低了公民对科学素质的认识；再次，继承弘扬传统文化与推进现代科学发展之间也产生矛盾，形成影响。传统文化得不到有效弘扬继承。更甚者，由于缺乏科学精神，不少富裕起来的人们却热衷于愚昧迷信活动；成了伪科学甚至邪教的俘虏。这说明公民科学素质不会随着经济的发展而自动提高，有一定的科学知识并不代表有基本的科学素质，更说明提高公民科学素质的复杂性和艰巨性。

2. 教育发展状况对我国公民科学素质的影响

教育是提高公民科学素质的重要途径。国际科学教育等国际组织认为，导致当前科技素质水平不容乐观的主要原因是科学教育的缺陷，这其中包括科学教育的指导思想和科学教育者自身素质的结构性等问题，而不仅仅是科学教育的普及程度问题。如科学观上的保守、科学教育内容的狭隘和实用性差等，使科学教育没能发挥应有的作用，我国也不例外。20世纪90年代以来，我国教育事业发展迅速，对提高公民科学素质做出了突出贡献。但当前我国的学校教育也存在着诸多问题。

一是教育事业发展的基础仍比较薄弱和不平衡，教育资源也不足。二是教育目标的严重错位。变应试教育模式为素质教育在全社会还没有形成普遍共识。注重知识灌输而轻视了科学思想、科学方法的培养；重分数，轻能力；重分科，轻综合；重书本，轻实践等。这些忽视科学方法和科学精神教育的情况成为顽症，科学教育在学校教育中尚未占据重要地位，与我国社会经济发展对提高国民素质教育不相适应。三是校内外科技教育活动不适应青少年科学素质发展的要求。我国教育经费占 GDP 比例仍低于世界平均水平，教育经费投入严重不足，教育基础建设薄弱，教学设备不足或陈旧，师资质量，科技含量低，难以保障必需的教学实践，使科技教育不能达到预期的目的。在广大农村和经济欠发达的中西部地区，这种现象更为突出。四是继续教育力度不够，严重影响公民科学素质的提高。我国公民科学文化素质偏低，科技水平滞后，劳动生产率仅为发达国家的 25%，不能适应科学发展观的要求。

3. 科普对我国公民科学素质的影响

科普作为科学教育体系的重要组成部分，对提高全民思想道德素质和科学文化素质起到极其重要的作用。但目前我国科普能力建设与提高公民科学素质要求还存在不相适应：一是对发展科普事业的认识及其投入不足，我国科学技术普及法明确规定，各级人民政府应当将科普经费列入同级财政预算，逐步提高科普投入水平，保障科普工作顺利开展。但实际上各级政府对科学普及的投入都十分有限，在广大农村和中西部地区是最需要加强投入，又恰恰更少。二是全社会对科普事业认识不足。发展科普事业、提高国民科学素质尚未达成共识，有的领导干部重视经济指标，忽视科学普及。一些企事业单位缺乏对科普工作必要地支持与参与，科普一直被视为"小儿科"，在许多地区和部门没有占有一席之地。

二、传承创新科普创作，推动公民科学素质健康发展

科普工作的根本任务，是把人类已掌握的科技知识和生产技能，以及从科学实践中升华而来的科学思想、科学方法和科学精神，通过各种方式和途径传播到社会的方方面面，为广大群众所了解和掌握，以增强人们认识自然，改造自然的能力，帮助人们树立正确的世界观、人生观和价值观。而科普创作是实现以上任务的必要手段。

1.科普创作的重要地位和作用

新中国成立以来，党和国家十分重视科学普及工作。为适应大规模社会主义建设需要,将科普工作纳入重要议程。20世纪50年代，在党中央"向科学进军"的号召下，举国上下掀起学科学，用科学的热潮，科普活动蓬勃发展。1956年创建科学普及出版社，时有"十万个为什么"、"知识就是力量"等一大批科普图书、刊物如雨后春笋般地风靡全国，受到广大人民群众和青少年的青睐，为提高公众科学素质起到启蒙与带动作用。党的十一届三中全会拨乱反正，邓小平同志高瞻远瞩地提出"科学技术是第一生产力"的论断和决策。他亲自批准成立中国科普创作研究所，把科普工作提高到一个新的高度。20世纪80年代，科普创作出现新的繁荣，科普图书热再次油然掀起。涌现如《自然地启示》等一批优秀科普著作。党的

第三代领导集体承前启后，把科普工作作为实施科教兴国战略和提高全民素质的重大举措。国家先后颁布了科学技术普及法，制定了全民科学素质行动纲要；1994年12月，中共中央国务院作出关于加强科学技术普及工作的若干意见；江泽民同志亲自为中国科技馆题词，为《院士科普书系》作序。与此同时，还把优秀科普作品列入"国家图书奖"和"五个一工程奖"的评审范围等具体措施，将科普工作和科普创作提升到更重要的位置，开创新局面。

2. 科普创作必须更上一层楼

胡锦涛同志强调指出："我们要全面领会科学发展观的科学内涵、精神实质、根本要求，进一步落实科学发展观的自觉性和坚定性，更好完成新世纪新阶段我们肩负的历史任务，更加自觉地走科学发展道路。"对广大科普工作者提出更新更高的要求和期望。科普创作从思想观念、知识结构、创作思想和手法等，都将面临新的挑战，可谓任重而道远。

首先是提高公众科学文化素质的紧迫性。实现富强、民主、文明的现代化社会主义国家，必须立足于国民素质的提高。我国是一个拥有超过13亿人口的超级大国，但文盲半文盲人口占比例还相当大，全社会的科技意识还不强，科学精神也相当欠佳，国民整体素质与世界科技迅猛发展的形式和我国实施科教兴国战略的迫切要求差距还很大。在现代化建设面临的许许多多、各种各样的科学技术问题，亟须公众了解和掌握，如何满足人民群众的巨大需求，这是科普创作的一大挑战。

二是科学技术迅猛发展的更新更高要求。现代科学技术的迅速发展，一方面给科普创作提供丰富的题材和广阔天地。另一方面却给科普创作带来新难度。针对现代的公民，尤其是20世纪90年代后出生的一代人，对传统式科技知识介绍作品显然不合"口味"，因此科普作家必须熟悉现代高科技知识，要融入人文科学，运用更多更好的文字功夫和艺术表现形式。如何提高科普创作者自身素质又是一大挑战。

三是适应时代传播手段的新挑战。现代社会已经进入信息化时代，社会需求多样化，给科普创作从选题内容、表现形式、写作技巧等一系列问题上产生了新的变化。近年来，网络的介入，各媒体的相互融合，使科普创作从单一的"纸媒体"向"多媒体"时代转变。科普创作者必须转变观念，更新思路，应对新的挑战。笔者呼吁科技界和科普界的"大家"、专家、学者应该大力推行科普创作的理论研究和对策研究，展开示范，寻求适应公众接受科技知识的最佳"结合点"和"切入点"的创作品位模式，推进科普创作的繁荣再繁荣。

三、推进公民科学素质建设与科学发展的几点意见

针对公民科学素质发展中存在的一些问题，加强公民科学素质建设，提出以下若干意见：

一是要提高认识，增强意识。提高对繁荣科普创作重要性必要性的再认识，加强管理模式和上层建筑改革，形成以提高公民科学素质为核心的结构合理、功能齐全、长效协调的社会运行机制。制定规划完善实施细则，为提高全民科学素质提供政策依据。

二是要构建多元教育发展模式。提高全民科学素质注重从学校教育抓起，着力推进以科学教育为主要手段，以素质教育为主要目的的教育改革。确实实现从应试教育向以提高公民科学素质为核心的素质教育的转变，提高学生的科学素养。

三是要切实抓好全民科学素质社会化效应。要发挥科普和传媒作用，运用现代化高科技手段，加强多种形式和渠道的科学普及宣传，形成有效的科学传播机制。

四是要发挥社区的优势条件。以城乡社区为基础，开展社区科学教育和科普活动，加强社区服务功能，推行创建活动，提高品位，

示范推广。

五是要加强基础建设，建立公益性科普事业长效运行机制，加强科普基地和科普场馆建设，重点向支持边远、贫困地区倾斜，以适应不同地区公民科学素质发展的需要。

六是建立三级科普基础设施体系和国家信息网络平台，鼓励扶持经营性科普文化产业的发展，有效调动各类科普实施主体参与科普，并整合各类科普资源。

七是加强公民科学素质建设的理论研究，设立国家大奖，打造优秀品牌，推出适合国情的公民科学素质实施项目。

福建省科协九届学术年会科普创作学术分会

2009.9

创新科普创作　促进科学发展

科普事业是党和国家的一项重要工作。随着我国农村经济社会的发展，新时代的农民对科学技术普及的需求，更迫切更多元化，不但对现代农业，特别是绿色农业，以及对涉及非农产业转移的种种科学知识的迫切需要，而且在奔向小康社会生活中，讲究提高生活质量，他们既需要依靠科技进步致富的普及，又渴望诸如环境保护、卫生健康、食品营养等方面的应知应会知识，提高自身科学文化素质，走向农村城市化。

胡锦涛总书记在 2004 年两院院士大会上指出："把宣传和普及科学发展观作为科学普及工作的重要内容。"贯彻实践科学发展观，把科普工作推上新台阶，以《科普法》和《全民科学素质行动计划纲要》为总抓手，促进科普创作繁荣，梅开再度，与时俱进，全面推进科普工作的创新局面，这既赋予我们历史使命和光荣任务，也给科普工作和科普创作带来新的挑战和机遇。

一

科普工作的任务是普及科学技术知识，弘扬科学精神、传播科学思想和科学方法，为推进全面建设小康社会，责无旁贷。邓小平同志指出：经济建设离不开教育。历史实践证实这个真理：现代化建设的关键是科学，基础是教育。科普工作及科普作品在提高全民科学文化方面起着不可或缺的重要作用。中华民族文化绵延五千年，但整个民族的总体文化素质并不高。一个民族受教育的程度，直接影响其素质的高低，国家的发达进步。例如，美国人口为世界的1/4，大学生却占世界的1/3，研究生占世界的一半，这就是他们超级大国的超级财富。美国微软领袖比尔·盖茨，他的利润平均每日增长率高达一亿多美元，一片光盘的成本不到3元，制成办公自动化97版，价值8000元，多么吓人，令人咋舌。究其因，是来源于知识，来源于专业技术的高级人才，也来源于科技普及到他手下的每一个人和"打工仔"。再如，美国农业人口约占20%，平均一个劳动力能供给60人的粮食，自己国内的吃饭问题，自给有余，还能提供出口。日本国对农民的文化水平要求很严，没有取得农业或畜牧业专科以上毕业证书，不可继承家庭的农场或牧场权，也不能申请政府银行农贷；搞农业推广工作的应是大学毕业生，而美国从事农业推广工作者，许多是教授、博士和硕士。总而言之，他们实现农业现代化的关键就是依靠教育和科学。

我国人口占世界的1/5，中专以上人才只占人口的5%，大专以上人才为数更少，又严重流失他国异乡，仅在美国就有45万之多。新中国成立前我国农业人口占80%以上，至20世纪末，全国人口增长了一倍，农业人口仍然占 80%，迄今，全国农业人口仍占总人口的一半以上。这与我国的科学和教育事业的发展水平无不有很大的关系。

英国经济史学家汤恩比在 20 世纪初曾说："19 世纪是英国人之天下，20 世纪是美国人之天下，21 世纪是中国人之天下。"他又说："未来岁月，中国能以自己的文明为核心，通过强军、在科技领域上赶上西方，完全能创建出一种不同于西方的现代文明，从而成为使世界走向大同的地理和文化的主轴。"1988 年，欧洲 75 位诺贝尔科学奖得主在宣言中讲道："最近五百年，世界进步很快，源于欧美的科学进步；今后五百年，人类要活得有尊严的话，必须回到 2500 年前东方孔子的文化教育里去。"我们应为此感到骄傲和自豪，引为动力和责任，强化教育，振兴科技，科学普及，人文并重，继承和发扬中华民族优良传统，使之巍然屹立于世界强盛之林！

二

科普作品是以向大众普及科学知识为主要目的的文学作品，也是科普宣传的重要方法和途径，传统上以文字、图画或广播为基本载体，现在步入多媒体领域，通过互联网、移动通讯网、视频等新型传播手段，为繁荣科普提供大有可为的"用文之地"。

科普作品内容包罗万象，覆盖各学科门类，按科学知识可分为物理学科普，如《时间简史》；数学科普，如几何《拓扑学奇趣》；医学科普，如《生命是什么》和生物学科普等。按内容程度可分为通俗性科普，如《花儿为什么这样红》；专业性科普，如法国克莱因《数学:确定性的丧失》和常识性科普等。按叙述风格可分为传记型科普，如《我的大脑敞开了》；故事性科普，如《物理学奇遇记》；历史型科普，如《古今数学思想》；学习型百科科普，如《十万个为什么》；探索性科普、纪实性科普和科普诗等等。按受教育对象又可分为儿童科普、中学生科普和成人科普等。但不论是哪种科普作品，都是建立在知识的基础上，运用文字功夫，以超强的思维能力和科学的思想方法、给人们的聪明智慧和力量而受益。

优秀的科普作品，可以穿越时空，传遍全球、流芳千古。如我国科普界大家高士其，他早期的《菌儿自传》、《细菌与人》、《抗战与防疫》、《活捉小魔王》等，在"非典"肆虐，"禽流感"突发时，不论是初次阅读或是重温的读者都感到十分亲切，啧啧称羡。科普宗师贾祖璋，他的科普巨著，是人类的宝贵遗产。如《花儿为什么这样红》、《南州六月荔枝丹》、《兰和兰花》、《蝉》等，编入大中专学校语文课本，巧妙地将科学与文学融合一体，影响深远。高老、贾老对科普事业的贡献，人口皆碑；他们的科普作品给人以文学的享受，科学的领悟，犹如王维《桃源行》所说，把我们带进了"春来遍是桃花水，不辨仙源何处寻！"的科学园里。

今天，党和国家的倡导，社会的需求、时代的责任，需要有更多优秀科普作家，优秀科普作品，为社会主义现代化建设作出更大的贡献。

三

高士其说："我经常在思想，什么叫科学普及？啊！用生命的火焰去点燃人们思想的灯，共同照耀人类探索自然，改造自然的伟大途径。"说得多么好，多么准确，科普就是这样一种崇高的事业！要把科学技术转化为生产力，一是由于科学技术的进步，使生产工具得到改革；二是通过教育和普及，使生产者掌握先进的科技知识和技能，掌握科学思想和方法，提高劳动者素质，发挥人本创造力，在这样的转化过程中，科普工作无疑起着不可或缺的积极作用。人类从原始社会人们还不知熟食时，生食禽兽茹毛饮血，刀耕火种，到今天的珍馐美食、西装革履、遥控自动化。千百年来沧海桑田，改天换地的变化，是科学技术的进步起决定性作用，是科学普及给人们以思索和实践的武器。

恩格斯指出："科学的发展同前一代人遗留下来的知识量成正比例，它的发展将愈来愈迅速的。"现代科学技术的发展，使科学技术知识急剧增长，因此，我们的科普工作不仅要"普知"，而且要"传识"，从深度和广度上培育人民提高发现和获取新知识的能力。我们不但要宣传科学的思想、科学的精神和科学的态度等，在介绍知识的同时，也要介绍科技工作者的创新精神，发现问题，解决问题的实践，例如，不但要宣传袁隆平院士"我种的水稻长得像高粱那么高，穗子像扫把那么长，颗粒像花生那么大"的科技成果，也宣传他"我的工作让我常晒太阳，呼吸新鲜空气，这使我有了好身体"的科学精神和意志。从而激发人们对科学的兴趣和热情。培养开拓创造能力和科学道德，这也是科普创新的方向。为此，要求科普作家创作出好的科普作品，奉献给社会，希望能做到：

1. 科普作品的灵魂在于真实准确，这也是创作应遵循的基本原则，要求所揭示事物客观规律的十分正确，因此提倡由专业知识的科技人员撰写熟悉本行的科普文章为好，避免以讹传讹，产生不良的社会效果，如一些作品中提到某类瓜果可以治这种病那种病，含有多种维生素等，言无足够的根据，是不符合科学的，也是不可置信的。最好的科普作品应该是最真实的作品，能够使读者得到共同的领悟，而不是"一千个读者有一千个哈姆雷特"之诠释。

2. 科普创作要举一反三，多个"为什么"，尊重事实，反映客观存在。比如，1831年英国科学家法拉第发现"电磁感应现象"，推动了交流电的诞生和应用，名赫一时，但却遗忘了法国科学家安培早在1822年就发现了电磁基本原理，还有当时对"电磁感应"进行探索的瑞士科学家科拉顿，出现有明显的不足之处，值得反思。

3. 作为选题应以"新、实"为好，即新鲜的知识和实用的知识。

已为人们熟知的东西，因为求知心理的负反应，不会引起读者兴趣，所以一定要猎取科技新的进展和成果；实用知识包括近期直接与生产生活相关知识和长远、间接的潜在知识，主要是给人们形成世界观的基础知识。另者，由于商业行为作祟，有些广告，特别是药品与化妆品的虚假宣传、更严重的是如"毒牛奶"、"塑化剂"、"化学酱油"等的伪劣产品，令人愤慨，应要有更多这方面的科普文章，以满足大众的需求。

四、关于"深"与"浅"的斟酌。现时代对科普作品的质量，要求越来越高，讲"深"了，有些读者辨不清莠麦，好像在卖关子，难懂不想看；讲"浅"了，"四季调"老一套，没啥意思不用看。深与浅，是相对的概念，没有一个可操作性的统一标准，它因知识的更新、时空的变化和受教育对象的不同而异，故创作上或可运用相应的模糊方法来应对。专业性文章用通俗的语言、通俗的比喻、深入浅出；一般性知识，适当深化诱导，例如从肥皂的去污作用，是由于油、盐分子极性的不同，诠释"油不化"原理；从开宝斜塔的建筑构造，说明利用气候气象资料的科学道理等。总而言之，科普作品要不断探索创新。

福建省科学技术学会第十一届学术年会科普创作学术分会

2011.9

后 记
POSTSCRIPT

题引：

风云变幻报阴晴，

瘠地碱田次第耕，

奥义浅谈勤动笔，

万千气象一生情。

题"瘠地笔耕"

—刘荣国—

少年时代，不知科学文化知识的重要性，"好读书不求甚解"。大脑皮层，荒芜一片，却不自量力，偏偏爱上耍笔杆、爬格子。但屡次投稿，都如石落大海，杳无回音，原因不言而喻，"书到用时方恨少"。

失败乃成功之母，此后则潜心学习，勤作笔记，凡事多问个为什么……假以时日，工夫不负有心人。"雨量小谈"、"星光闪闪"、"热在三伏"、"三象信息识台风"等豆腐块大小的科普文章，陆续在报刊杂志的边边角角崭露。

最最难忘的是：一篇题为"话说露珠"的，居然荣获福建省优秀科普作品三等奖，做梦也没有想到会从我国著名的编辑、学者、极具权威的科普作家贾祖璋先生的手中，接过沉甸甸的荣誉证书，真是喜莫大焉！随之"漫话盐"、"从五个太阳说起"，分别为《山青花红凭探索》和《科学春天三十年》等优秀科普作品专辑所用。与此同时有关成果又被载入《泉州市科学技术志》、《惠安县志》。1988年泉州市科普作家协会成立时，承蒙各位同仁的厚爱和抬举，竟荣幸地被选为理事、副秘书长。

四十多年的职业生涯，或在漳州气象台观云察雾，预报风雨阴晴；或在惠安山腰盐场看天晒盐，品尝世味咸淡。所闻所见，离不开风雨雷电、日月星辰、大气物理、自然奥秘；所言所写，离不开生态平衡，减排防污，环境优化，养生保健。奥义浅释，大题小作，为普及科学文化知识，和谐天人，融洽物我，而不懈努力。

笔耕年复年，瘠地变良田，春花秋实，林林总总，竟然在省、市和国家级报刊杂志、广播电视台先后发表科普文章、诗歌、散文、业务论文等百余篇。著书立说，非份之宜，这些尘封已久、零零散散、星星点点的东西，之所以能够在《瘠地笔耕》的名义下集结，剞劂刊行，要感谢中国民间文艺家协会会员，福建省作家协会会员，泉州市作家协会、民间文艺家协会常务理事陈华发先生，拨冗选阅、悉心指教；更要感谢惠安县科学技术协会主席刘荣成博士，鼎力举荐，精心策划，支持帮助，关心敦促；特别令我感激的是能得到福建省科学技术协会党组书记叶顺煌的重视和厚爱，他在百忙中序诸卷首，弁言勉励，为瘠地灌下甘霖，给秃山笼上碧纱，不胜感谢！不胜言表！

刘荣旗